タクティカル・アーバニズム・ガイド

市民が考える都市デザインの戦術

マイク・ライドン／アンソニー・ガルシア
大野千鶴 訳／泉山塁威＋ソトノバ 監修

Photo by Nina Munteanu、ToulouseLeTrek.com に初掲載

➡ P.042
安価なアウトドアチェアと進入禁止のロードコーンを置いて、実験的に一定時間、タイムズスクエアを車両通行止めにした。

Jak Krumholtz

➡ P.108
リトル・フリー・ライブラリー

Bonnie Ora Sherk

➡ P.102

サンフランシスコとニューヨーク市を拠点に活動するアーティストでランドスケープアーキテクトのボニー・オラ・シャークは、1970年代初頭にサンフランシスコで一連のパブリックスペースのインスタレーションを考案し、都市に緑地がないと批判した。

Photo by Sarah Gilbert, cafemama.com

➡ P.174
ポートランド市がT-Howsは市のゾーニング法に違反していると判断したとき、マーク・レイクマンはピックアップトラックに組み立て直し、移動式T-Horseをつくった。

City Repair

➡ P.176
オレゴン州ポートランドのシェア・イット・スクエア。

Michael Kulikowski

➡ P.191
バージニア工科大学の学生は、キャンパスの街路に独自のウェイファインディング標識を追加した。

Photo © Wells Campbell Photography

➡ **P.231**
サンフランシスコのノリエガ
ストリートのパークレット。

➡ P.237
上：ベイフロント・パークウェイ介入前。
下：ベイフロント・パークウェイ介入後。

Mike Lydon

➡ P.251
車を通行止めにしたヘラルドスクエア。グリーンライト・フォー・ミッドタウンのパブリックスペースの一つで、仮設の材料でつくられている。

02 タクティカル・アーバニズムの着想の源と前例

04

装丁
福岡南央子　woolen

Published by arrangement with Island Press through Tuttle-Mori Agency, Inc., Tokyo

まえがき

アンドレス・デュアニー〔訳注：アメリカの建築家、都市計画家、ニューアーバニズム会議共同創設者〕

21世紀の見通しが暗いとわかるにつれ、都市に関するきわめて有望なアイデアの数々が、「タクティカル・アーバニズム」としてまとまりつつあることも明らかになってきた。これを示す本はあなたのお手元にあるので、あとは私の主張を状況に当てはめてみるだけだ。

21世紀の状況に取り組むために、タクティカルとXL（つまり極大）という2つの全く新しいアーバニズムが登場した。この組み合わせを見ると、レム・コールハース〔訳注：ロッテルダム生まれの建築家。ブルース・マウと『S, M, L, XL』を共著〕によるS、M、L、XLプロジェクトの先進的な建築理論が不完全であることがわかる。というのは、そこにはXSが入っておらず、タクティカル・アーバニズムが相当するのはこの極小のカテゴリーだからだ。

建築業界は今や、「極大」一辺倒になっている（事実、これを書いているちょうどその週に届いた『Architectural Record』2014年3月号は、XLカテゴリー特集だ）。XLは地域のショッピングモールなどのプロジェクトだが、とても巨大で複合的であるためアーバニズムが一部に組み込まれており、都市生活の活性化が期待されている。確かに、アイコニックな建築をつくるまたとないチャンスには違いないが、下手すると大失敗にもなりかねない。

しかし、ＸＬプロジェクトは大成功しているにもかかわらず、見通しは暗い。アジアや中東の成金たちの将来は不明だが、建築家たちはそれを冷笑しつつも彼らに迎合したプロジェクトばかりだ。ジェームズ・カンストラー［訳注：アメリカの作家。都市開発とスプロール現象に関する著作がある］が論じているように、こうしたプロジェクトは社会、生態系、経済、政治の面で未来がない。ＸＬプロジェクトは実に壮大だが、いわば恐竜のようなものだ。つまり、恐竜１頭が何トンもの食料を獲得する一方で、哺乳類はわずかな食料を探し回って生き残る。哺乳類と同様に、一つひとつの戦術的な介入はＸＳであっても、合算すればＸＬプロジェクトのような都市のバイオマス［訳注：ある地域内の生物の総量。ここでは都市環境に置き換えて建築物の総量を表している］を達成できるのだ。

華やかなＸＬプロジェクトは、安いエネルギー、想定される集団行動、トップダウンの慣習の要件のうえに成り立つハイテクモノカルチャーであり、すべて持続不可能だ。まさか、ＣＩＡの策略ではあるまいか。誇大妄想的なＸＬデザインをアジアの諸都市に埋め込み、経済的に持続不可能で社会的に最悪な都市デザインコンセプトを建築学生たちに教え込んで、アジアにおけるアメリカの競争相手を倒したのではないか、と思うときがある。

こうした恐竜的プロジェクトが失敗し衰退するにつれて、分散型、ボトムアップ、並外れたスピード感、人脈、低コスト、ローテクというタクティカル・アーバニズムに対して世界規模での関心が高まってきている。大型コンピュータからiPhoneに置き換わったように、都市計画でも同じことが起こりそうだ。

　なぜ今、タクティカル・アーバニズムが出現したのか？　それは現在、アメリカが世界中に広めているひどいアイデアを、自国ですでに経験したからだ。私たちコンサルタントはＸＬプロジェクトを信用しなくなったため、わが事務所では扱っていない。社会は、ＸＬプロジェクトを防ぐ抗体を生み出した。大規模プロジェクトを不可能ではないにしても困難にするために、ＮＩＭＢＹ［訳注：地域エゴ。刑務所、ゴミ処理場など地域環境にとって好ましくないものについて近所での建設に反対すること］や煩雑なお役所仕事が蔓延した。しかし、このような失敗によって社会がめちゃくちゃになったため、今では小規模プロジェクトでさえも不可能になっている。

　タクティカル・アーバニズムが優れているのは、21世紀の衰退した社会に迅速に対応できるだけでなく、公と民の対立が原動力になっているからでもある。市民参加のプロセスは昔も今も思うように進まないが、半信半疑で試験的に始まり、タクティカル・アーバニズムで実証して自信を回復すると、その後はうまく進んでいく。

　タクティカル・アーバニズムは、紛れもなくアメリカ発祥のノウハウだ。大陸中の無一文の移民たちを収容し、養い、繁栄させたことは誰もがよく知っている。時代が変わっても考え方は同じだ。そして、ＸＬとＸＳにはどちらも棘《とげ》のあるユーモアのセンスが必要だということを、称賛を込めて付け加えておきたい。これがなければ、タクティカル・アーバニズムは「達成」できない。タクティカル・アーバニズムに仲間入りできるかどうか見分けるには、このふるいにかければよい。

序文

危機を無駄にするのはもったいない。

——ポール・ローマー［訳注：アメリカの経済学者。ノーベル経済学賞受賞］

共同事務所ストリート・プランズ・コラボレイティブ（The Street Plans Collaborative）を始めたのは、自分たちも両親も経験したことのない不景気の真っ只中だった。そのため私たちは、倹約して小規模な新しい事務所を経営していたが、各自のコミュニティに対しては出し惜しみしなかった。だから、私たちがタクティカル・アーバニズムの精神を周囲の人々の活動に見出したのも不思議ではない。タクティカル・アーバニズムの核となる価値観に基づいて、ビジネスを徐々に拡大していったからだ。

私たちが今も昔も意欲的に取り組んでいるのは、都市計画とデザインのコンサルティング業務を、わがチームが現在「調査・社会活動プロジェクト」と呼んでいるものと組み合わせることだ。設立当初には、ユーチューブはなく、ブログやフェイスブックは出始めで、ツイッターなど誰も聞いたことがなかった。それが急速に変わった。コミュニティ内で遠く離れていても、これまで以上にオンラインでつながっている。現在のテクノロジーとオープンソースを共有する精神が重要な役割を果たして、私たちは他者から学ぶ力を身につけ、タクティカル・アーバニズムは普及した。この重要ポイントは第3章でさらに詳しく探っていく。この本には値札がついているけれども、ここに含まれる情報の多くは値札がないことを明確にしておきたい。そして、そのことに深く感謝している。

この本を読み終えたとき、力をもらったように感じてもらえたら幸いだ。この本を執筆したのは、後に続く、タクティカル・アーバニズム誕生秘話を読めばわかるように、実に多くの人々から影響を受け、力をもらったからだ。創造的なプロジェクトが毎日限りなく生まれていることにかつてないほど心が躍るし、タクティカル・アーバニズムは人々が変化を思い描くだけでなく、変化を起こすのに役立つと強く信じている。タクティカル・アーバニズムの力はとてつもない。読者の皆さんに感謝したい。

マイクのストーリー

手紙を書くということは、ひとりぼっちでいても友とつながれる唯一の手段である。
——バイロン卿〔訳注：ジョージ・ゴードン・バイロン。イギリスの詩人〕

2007年にミシガン州アナーバーの大学院を修了し、都市計画の学位を手にしたばかりの私は、フロリダ州マイアミに引っ越し、かつてインターンとして働いていたデュアニー・プレイター＝ザイバーク・アンド・カンパニー（Duany Plater-Zyberk and Company）に戻った。そこでは主として、マイアミ21に取り組んだ。これは、市の複雑で古いゾーニング条例から、開発プロセスを合理化し21世紀の理想的な都市計画に合うものに置き換えるという取り組みだった。公共交通指向型開発（Transit-oriented development, TOD）、グリーンビルディング〔訳注：環境配慮型の建物〕、既存の一戸建て住宅地区と急速に変化する商業地区の微妙な区分けが含まれていた。このプロジェクトは当時としても、おそらく現在でも形態規制条例《フォーム・ベースド・コード》〔訳注：土地の用途に基づく従来のゾーニング条例に対して、建築物の形態に基づくゾーニング条例〕を適用した最大事例であり、このような斬新で複雑な仕事に関われるのは、若く理想主義に燃える都市計画家の私にとって夢のようだった。

しかし、最初の数カ月が経つうちに、都市計画家のやり方に限界を感じ始め、特にマイアミ21の取り組みの技術面を市民に伝える難しさを感じていた。それでも変化を起こすことに一生懸命だった私は、Uターンしたばかりのマイアミに影響を与える機会が他にないかと探した。

当時、マイアミビーチからマイアミのリトルハバナ地区まで約13キロ（8マイル）の道のりを、1人で自転車通勤していた。よし、ここから始めよう。そこで私は同僚たちに、「マイアミをサイクリストにとって安全で居心地のよい場所にしたい。何かできることがあるんじゃないか」と考えを伝え、自由な時間を使って地元の自転車社会活動に参加した。当時の上司エリザベス・プラター＝ザイバークは、私がオフィスでこの件を議論しているのを耳にし、『マイアミ・ヘラルド』紙に論説記事を送ってみたらどうかと助言をくれた。市がなぜ自転車の状況を改善すべきなのか、そして、どのように改善したらよいのかを説明する記事だ。2007年12月『マイアミ・ヘラルド』紙に、「マイアミを自転車に優しいまちにする」というタイトルで私の論説が掲載された。そのなかで、マイアミはアメリカの他の主要都市に比べて競争力がないため、優秀な人材の獲得と確保、低コストの交通手段の拡充、ひいてはマイアミ21の長期的な理想が実現できないと主張した。

そして、自転車コーディネーターの採用、包括的な自転車マスタープランの策定、「自転車道を整備する」ための政策転換を提案した。また、マイアミにコロンビアの首都ボゴタのシクロビア［訳注：日曜と祝日にボゴタ市内の主要な車道を歩行者天国と自転車道にする制度］を取り入れてみたらどうか、とも提案した。それは毎週開催される住みやすさを向上させる取り組みで、112キロ（約70マイル）

にわたる道路をすべて自動車通行止めにして直線状の公園に変えるというイベントだった。

同時期に、人気のブログ「トランジット・マイアミ（Transit Miami）」で記事を書き始め、そこでトニー（アンソニー・ガルシア）と出会い、結成まもない社会活動団体グリーン・モビリティ・ネットワーク（Green Mobility Network）と、よりよい社会をつくろうとしている若手専門家の熱心だが緩やかに組織されたグループ、エマージ・マイアミ（Emerge Miami）と緊密に協力した。

グループは連携して、マイアミ市初の自転車アクション委員会（Bicycle Action Committee）の設立を支援し、市が採択し実施できるような行動計画《アクション・プラン》を作成した。驚いたことに、マイアミを自転車で移動しやすくするというアイデアは、マニー・ディアス市長とその部下たちが支持し、マイアミを自転車に優しい都市にすると約束してくれた。この計画の目玉として、2012年までに「全米バイシクリスト連盟　自転車に優しいコミュニティ」の評価を受けること、市の予算編成の範囲内での優先的なインフラ整備、シクロビアのマイアミ版イベント「バイク・マイアミ・デイズ」の初回実施が盛り込まれた。前の2つは政策と具体的な計画の進展に数年を要したが（市は2012年にブロンズ指定を受けた）、シクロビアのようなイベント（北米で通称「オープンストリート」）は、時間もお金もかからなかったため、優先順位リストの上位になった。なにしろ、マイアミ中心部の道路で車を通行止めにして、社会的および身体的な活動をするのだ。これ以上、注目を集める試みはないだろう。

うれしいことに、2008年11月の初回のイベントには何千人もの人々が参加してくれた。典型的なＭＡＭＩＬ（合成繊維の自転車専用ウェアを着た中年男性）をはじめ、家族連れ、あらゆる年齢の女性たち、大勢の若年層が集まった。いつもは車だらけの道路で、人々はサイクリングだけでなく、ウォーキング、ジョギング、スケート、ダンスなどさまざまな活動を楽しんでいた。目新しさも手伝って、路上には高揚感が漂い、その効果はすぐさま目に見えて表れた。さらに、何千もの人々に笑顔があふれ、近くの店の売り上げが伸びた。「クルマゲドン」の心配もいらなかったため、大勢の人はくつろいだ様子だった。その1人でもある市長は、歓迎の挨拶をした後、フラグラー・ストリート沿いの自転車走行パレードの先頭を切った。

バイク・マイアミ・デイズは、イベントとして大成功した。それに、予想を上回る目標を達成した。数千人の参加者は、斬新かつ刺激的なやり方で自分たちのまちを体験できた。また、ウォーキング、サイクリングができ、パブリックスペースが広がるような都市の未来を思い描く機会にもなった。当時はまだタクティカル・アーバニズムという言葉はなかったが、まさにそのものだった。私はすっかりそのとりこになった。

このイベントを開催してみて、マイアミに自転車政策がなかったことだけでなく、都市計画の分野にも不満があったことに気づいた。実際に、コンサルタントとして1年半働いても、自分の仕事が現場に大変革をもたらしたことなど一度もなかった。おそらく私がせっかちだからだろうが（この世代の特徴だと言う人もいる）、計画倒れに終わったものがほとんどだ。これでは、計画に高いコストをかけて可能性を議論しているだけで、政策と予算が「万一」一致するときを待っていたら永久に実施は見送られてしまう。

都市計画家なら、目に見える形で社会をよりよく変えたいと思うはずだ。私がこの仕事に就いたのも同じ理由からだった。私にとって目標とは、常に「そのうち」ではなく、短期間で達成することだった。バイク・マイアミ・デイズは、単発のイベントにすぎなかったが、出席したどの公開ワークショップ、デザイン・シャレット〔訳注：フランスの美術学校エコール・ド・ボザールを起源とするワークショップの形式。建築家、都市計画家などの専門家とステークホルダーが集まり、課題について検討し解決策を導く〕、会議よりも影響力が大きく思えた。社会を変えてしまうようなインフラと都市計画のプロジェクトには、それなりの役割があり、新しい鉄道線路、橋の建設、都市全体のゾーニングは困難であっても必要かつ重要なプロジェクトだという考えは変わらない。とはいえ、従来型の計画プロセスさえ行っていれば、必要な賛同を得られるわけではない。長期的な計画を進めるだけでは都市問題に対応できないから、小規模プロジェクトをたくさん迅速に進めていかなければならない。実際に、これらの小規模プロジェクトは、市民参加型で、長期的には大規模プロジェクトを可能にするものだ。都市には大きな計画が必要だが、小さな戦術も必要なのだ。

これを機にオープンストリートの取り組みは、都市計画のツールになり得ると考え始めた。行政が市民と接触し行動を促す方法であり、逆に市民が行政に刺激を与え変化を受け入れてもらう方法になりそうだ。バイク・マイアミ・デイズは、市の初期の自転車政策に対して一般市民が意識と関心をもつきっかけとして、重要な戦術となった。このイベントを通じて、顕在化していなかっ

2008 年にバイク・マイアミ・デイズが始まった。（Mike Lydon）

たものの、多様な人々がいろいろな形で、パブリックスペースで身体を動かして活動する機会を求めていたことがわかった。単発のイベントだったとはいえ、そのストリートでは、運が悪ければ都市計画家が何年かけてもつくり出せないものを数週間で実現した。

バイク・マイアミ・デイズの立ち上げから数カ月経ったとき、新たに採用された市の自転車コーディネーターのコリン・ワースとともに、マイアミ初の自転車マスタープラン策定を依頼された。それまでの仕事は本当に楽しかったが、これはまたとないチャンスだ。そこで自宅兼事務所を設立し、友人の紹介によって数百ドルでウェブサイトを開設してもらい、「ストリート・プランズ・コラボレイティブ」という名称で個人事業主としてビジネスを始めた。

そのマスタープランの仕事を終えた後、私はニューヨーク市ブルックリンに引っ越した。当時、ジャネット・サディク＝カーンが局長を務めていたニューヨーク市交通局では、画期的な仕事が進行中で、それにどんどん興味を引かれていったからだ。何百マイルもの新しい自転車レーンを設置し、「実験的な《パイロット》」歩行者広場を新たにつくり、バイク・マイアミ・デイズのニューヨーク版「サマー・ストリート」を行っていた。それに刺激を受けた私は、計画と実践のバランスを健全に保っている他の活動家やコミュニティを探し始めた。第一線で活躍し、変化を起こそうとしている人々だ。トニーと私はトランジット・マイアミで数年間いっしょに働いてきたので、パートナー契約を結ぶことに決め、2010年に正式にストリート・プランズを法人化した。

その年には、オープンストリートの事業のみならず、市の政策やまちなみに大きな影響を与えていたさまざまな短期的で創造的なプロジェクトも調査し続けた。その秋にニューオーリンズに赴き、ニューアーバニズム会議（Congress for the New Urbanism, CNU）から派生した「次世代（NextGen）」と称する仲間や同業者のグループの集会に参加した。そこで、不況の真っ只中のアメリカ各地で、一見無関係に見える低コストの都市介入のうねりが起きていることを紹介した。

ニューオーリンズで紹介したアイデアを、具体的な形にし、わかりやすい名称をつける目的で、2011年に『Tactical Urbanism: Short-Term Action, Long-Term Change（タクティカル・アーバニズム――短期的なアクション、長期的な変化）』第1巻を編さんし、SCRIBD［訳注：電子書籍購読サービス］上に無料のデジタル文書を提供した。自分たちのウェブサイトにリンクを張って、同業者にリンクを送信し、待ちに待った休暇旅行に出かけた。ニューオーリンズの集会の参加者20人のうち5、6人が25ページの小冊子を読んでくれたらいいな、と思った。

2カ月足らずのうちに、この文書は1万回以上閲覧またはダウンロードされた。タクティカル・アーバニズムは強力で顕著な動向だと確信していたが、これほど関心が高いとは思わなかった。

2011年の秋までに、事務所はタクティカル・アーバニズムを文書で記録するだけでなく、事務所の専門業務として実践するようになった。友人であり同業者のオーラッシュ・カワーザードは、人々を集めて、情報、アイデア、ベストプラクティス（模範事例）を共有してはどうかと提案してくれた。そこで、タクティカル・アーバニズムはデジタルの領域を超えて関心が高いのかどうかを試してみることにした。その後まもなく、クイーンズを拠点とするアート集団フラックス・ファクトリー（Flux Factory）が、ロングアイランドシティの元グリーティングカード工場だったイベントスペースを貸してくれたので、多くの組織と提携して初回のタクティカル・アーバニズム・サロンを開催した。十時間近くにわたって、北米各地から集まった総勢150人以上が自分たちのプロジェクトについて語り、他の人の話に耳を傾け、議論し、無料のビールを飲んだ。大勢のアーバニストたちの関心と活気ある仕事に刺激を受けて、私たちは第2巻を書いて発表することにした。事例件数は第1巻の倍にし、タクティカル・アーバニズムの簡単な歴史についても触れ、許可を受けたものから無許可のものまでさまざまな戦術を含めた。無許可から許可に移行したものも多い。

マイク・ライドンは、ケンタッキー州ミドルズボロで行われた「ビルド・ア・ベター・ブロック（Build a Better Block）」の取り組みで「自動車自転車共用道路標示《シャロウ》」をスプレーで塗った。（Isaac Kremer for Discover Downtown Middlesboro）

クイーンズのイベント以降、フィラデルフィア、サンティアゴ、メンフィス、ルイビル、ボストンでさらに5回のサロンを共同開催した。そして、この本を執筆している時点で、出版物の全シリーズは、百カ国以上で閲覧またはダウンロード回数7万5000回以上に及ぶ。第2巻は、英語版に加えてスペイン語版とポルトガル語版も制作した。中南米がテーマの第3巻は、チリのサンティアゴを拠点とし豊かなパブリックスペースを目指す社会的企業シウダード・エメルジェンテ（Ciudad Emergente）と共著した。第4巻は、メルボルンを本拠地とするコデザイン・ステュディオ（CoDesign Studio）のパートナーが調査し執筆したもので、オーストラリアとニュージーランドの事例を取り上げている。私たちは世界中のワークショップを開催し続け、学生、専門家、市民と協力して、タクティカル・アーバニズムを用いたまちづくりとプレイスメイキング［訳注：物理的な空間をつくることではなく、人々の雑多なアクティビティの生まれる居場所をつくること］の参加型アプローチを伝授している。

新聞の論説を書いたことから、数多くのすばらしい人々、機会、アイデア、課題と出会えたのは驚きだ。それはまた、塵も積もれば山となることを、身をもって証明している。

トニーのストーリー

タクティカル・アーバニズムについて考え始めたのは、メモリアルデーの週末に当時4歳の息子とニューヨークを訪れたときのことだった。父と子の特別なニューヨーク観光で、行き先の一つはタイムズスクエアにある巨大なおもちゃ店だった。この場所の真正面では、ブロードウェイがアウトドアチェアとロードコーンで歩行者広場に変わっていた。その変化に目を見張った。

おもちゃを買って店を出た後、息子と私は新しくできた広場に腰を下ろした。ニューヨーク在住歴も長く、子ども時代から訪れていたのに、タイムズスクエアにゆったり腰を落ち着けて「楽しむ」ことはなかった。その日が初めてだ。広場があまりにも突如として現れたので、人々は相変わらず歩道を通り、スペースの使い方がわからず訝《いぶか》しげに見ていた。その朝、真っ先に堂々と歩道を降りて椅子に座ったのは、私たちだった。後に続く人たちもいたが、足取りは重そうだった。私たちはしばらくそこにとどまり、新しいおもちゃで遊んだり、ただまちをながめて楽しんだりした。こんな経験は初めてだった。

あっという間に車道が広場化したことは、心に訴えるものがあった。マイアミ21や半セントの消費税増税［訳注：マイアミ・デイド郡はメトロレール鉄道の大規模拡張工事の財源に充てるために２００２年住民投票を行い、消費税を６・５％から７％に引き上げた］などの巨大プロジェクトに携わったマイアミでの社会活動の経験からだけでなく、仕事での経験からも、何かを成し遂げることはほぼ不可能だと感じていたからだ。それなのにここでは、完成まで数百万ドルも十年もかからずに、道路がパブリックスペースに変わったのだ。即効性があり、簡単で、しかもきわめて効果的だった。

この計画のアプローチは、心に強く響いた。ニューヨーク大学から戻ってきてからマイアミの都市環境で暮らそうとしていたとき、そこでの生活に何か物足りなさを感じた。マイアミには都会暮らしの醍醐味がなく、便利な公共交通機関や豊富なパブリックスペースがなかったのだ。マイアミ大学の郊外キャンパスに戻った私は、長い間都会暮らしができなかったため、愛するこのまちについて学び、よりよいまちにつくり替えようとした。

そこで私は、市民集会、市委員会会議、都市計画委員会に出席し始め、編集者に手紙を書き、インフラや市の機能に関連するイベントに出席し始めた。まちの市民生活の向上に没頭した。市役所と交流し、市の発展に大きく貢献するのにもっとよい方法があるはずだと思ったが、市職員になるかコンサルタントとして雇われる以外に選択肢はほとんどなかった。

よりよい市民生活を求めるエネルギーを他に向ける方法として、マイアミの交通手段と都市計画に焦点を当てた地元のブログ「トランジット・マイアミ」の記事を書き始め、後に編集者になった。ブログは当時比較的新しく、テクノロジーがまちにどのような影響を与えているかを載せたものだった。記事を通して、前述のマイアミ21承認プロセス、2002年の半セントの消費税増税の実施、マイアミの自転車文化の発展に深く関わるようになった。こうした経験から、この本で紹介しているいくつかのアイデアを頭のなかで整理していった。

まず思ったのが、公共都市計画プロセスがいかに機能不全に陥ってしまっているかである。故郷マイアミが新しい先進的なゾーニング条例を導入しようとしていることに、私は大いに期待していた。大規模で複雑な制度の場合、承認プロセスがどれほど大変であるか、このときの私には覚悟ができていなかったのだ。このプロジェクトは何百回もの市民集会を経て、前回のものよりはるかに改善されていたのに、密室で起草されたことで非難を浴びた。その結果できあがった形態規制条例は最終的に承認されたが、一番記憶に残ったのはそのプロセスだった。どれほど進歩的な案であっても、大多数の人々が制度に反対し（言うまでもなく理解していない人の数）、計画は遅れ、変更された。何十人もの土地利用専門の弁護士、デベロッパー、ロビイストが一体となって、承認会議は反対を叫ぶばか騒ぎのようだった。どうすればこのようなばか騒ぎが起こらずに、誠実で徹底した市民参加プロセスを確保し、大規模なゾーニング条例を改正できるのか、ずっと考え続けた。

同じ頃、マイアミ・デイド郡はメトロレール鉄道の大規模拡張工事の財源に充てるため半セントの消費税増税を承認した。私は住民投票で快く賛成票を投じたが、数年が経過しても、大規模拡張工事は実現しなかった。新たに約130キロ（80マイル）の路線が建設される予定で、一般市民は全面的に支持していたが、地方自治体は高額な路線拡張に乗り気ではなかった。十年後も、建設はほとんど進んでいないが、この地域はこれまで以上に鉄道を必要としている。半セントの消費税増税の失敗から別の教訓も得た。巨大プロジェクトでは市民の問題を解決できないから、まちづくりとまちの改善の課題に対する次善策を見つけ成功させたいなら、マイアミ21のような計画のビジョンに近づけなければならない。私は大規模プロジェクトに時間がかかりすぎることを解決する方法の一つとして、小規模な変更に着目し始めた。

そして、マイアミで自転車文化が発展しインフラ整備が進むなかで、小さな変化がどのようにして長期的な成果につながるのかを初めて目の当たりにした。バイク・マイアミ・デイズやクリティカル・マス（Critical Mass）［訳注：多数の自転車利用者が週末にいっしょに走り、自転車に優しいまちづくりをアピールするイベント。サンフランシスコで始まり世界各地へ広がっている］から自転車インフラ整備まで、個々のプロジェクトはそれほど重要ではないが、短期的で実施しやすい小規模プロジェクトが一体となれば、巨大プロジェクトと同じくらい都市の文化に強い影響を与えられると確信した。

大学院修了後、チェール・クーパー&アソシエイツ建築事務所（Chael Cooper & Associates Architecture）に勤務し、大規模な多目的開発プロジェクトと小規模な住宅プロジェクトの両方に取り組んだ。社会活動での経験と同じように仕事でも大規模プロジェクトが中心となり、手がけたプロジェクトには、近隣全体を変えることを目指すものもあった。しかし、小規模プロジェクトはごく短期間で目に見える結果が出せるため、大規模プロジェクトよりやりがいがあったのに対して、大規模プロジェクトはほとんどが棚上げになった。

息子とニューヨーク旅行に出かけ、のちにタクティカル・アーバニズムと呼ばれるようになったものを実体験したのがこの頃だ。その旅行の後に、出張で都市デザイン・シャレットに参加し、低コストで短期の解決策がどのように実施されているかを知った（行政の怠慢、経済問題、コンセンサスの欠如などが原因）。地元の事務所では、建築プロジェクトの依頼が減りつつあり、自分自身も建築より市民参加やストリートデザインのほうに傾倒していた。

しばらくして、地域社会でのボランティア活動をきっかけに始めたスタートアップを設立し、数年間トランジット・マイアミでいっしょに仕事をしてきたマイク・ライドンと親交を深めた。2人とも都市を変えることに情熱を注ぎ、その変革の鍵はストリートであることがわかっていた。私たちはおのおの仕事に着手してまもなく、パートナー契約を結ぶことにし、正式にストリート・プランズを設立した。

それ以降、何百ものプロジェクト、サロン、ワークショップ、講演を行って、21世紀のまちづくりに関する自分たちの考え方を進化させ、洗練させ続けている。戦術的なプロジェクトだけが都市にとって万能薬ではないことは承知しているが、基礎をなす低コストで反復的なアプローチは、今後数十年の課題に対処するためにさまざまな方法で応用できるだろう。もちろん、すべての都市がニューヨークやマイアミのようにいくわけではない。たくさんのプロジェクトを手がけた経験から学んだのは、大都市圏の郊外でも人口が密集する都心部でも、まちに影響を及ぼす問題が山積している点は同じだということだ。世界中のアーバニストに突きつけられた課題は、それぞれの都市に合った低コストで反復的な対応をいかにして見つけていくかである。

謝辞

本書を支援してくれた関係者全員にお礼を申し上げたいところだが、まずは執筆と編集の作業中に我慢してくれた家族に感謝したい。そして、直接またはデジタルメディア作品の驚くほど豊富なエコシステムで、プロジェクト、批評、著作を共有してくれた以下の方々に深く感謝の意を表したい。イライザ・コロンバニ、クリスティン・ビラスーソ、ラッセル・プレストン、アイザック・クレマー、ハワード・ブラックソン、リチャード・オラム、アンドレス・デュアニー、ダグ・ケルボー、デービッド・ベガ＝バラショウィッツ、アーロン・ナパルステク、ロナルド・ワウドストラ、シン＝ペイ・ツェイ、オーラシュ・カワーザード、ジェイソン・ロバーツ、アンドリュー・ハワード、ダニエル・ラーチ、マット・トマスロ、デービッド・ジャーカ、ネイト・ホメル、マーク・レイクマン、グレッグ・レイズマン、ダグ・ファー、チャールズ・マローン、イライザ・ハリス、イアン・ラスムッセン、カージャ・ハンセン、マット・ランバート、エドワード・アーファート、フェイス・ケーブル・カモン、ジム・カモン、パトリック・ピウマ、ランディ・ウェイド、エレン・ダナム＝ジョーンズ、エレン・ゴッチリング、エリン・バーンズ、トミー・パセロ、ダン・バートマン、ルイサ・オリベイラ、パット・ブラウン、サラ・ニューストック、ジェイム・オーティス、ケイ・チェン、ジェニファー・クラウズ、ボニー・オラ・シャーク、ブレント・トーデリアン、カイリー・レッグ、ジュリー・フリン、カーラ・ウィルバー、キアラ・カンポネスキ、ハビエル・ベルガラ・ペトレスク、マリコ・デビッドソン、ブレイン・マーカー、ジェイク・レビタス、グラハム・マクナリー、フィリップ・トムス、ビクター・ドーバー、ジェイソン・キング、ホセ・カルロス・モタ、ジェイム・コレア。

「深圳・香港の２都市によるアーバニズムと建築のビエンナーレ（Shenzhen–Hong Kong Bi-City Biennial of Urbanism and Architecture)」で、建築家ディディエ・ファウスティーノが看板をブランコに変換した。斬新なだけではなく、どこにでもある都市インフラを転用できることを紹介している。
(Faustino, Didier [b.1968] © Copyright *Double Happiness*. Photograph of the Installation at the Shenzhen-Hong Kong Bi-City Biennial of Urbanism and Architecture, 2009)

01

型を破る

リソースがないから行動できないという言い訳は、もはや通用しない。答えとリソースがすべて見つかってから行動すべきだと考えていたら、行動に移せなくなってしまう。都市計画は、進行しながら修正できるものだから、あらゆる不確定要素がコントロールされていなければ計画できないと考えるのは、きわめてごう慢だ。

——ジャイメ・レルネル
建築家。ブラジル・元クリチバ市長〔訳注：その後、パラナ州知事を務めた〕

2009年のメモリアルデー〔訳注：戦没将兵追悼記念日。5月の最終月曜日〕の前の金曜日にタイムズスクエアを訪れていたら、他の約35万人〔訳注：1日のあいだにタイムズスクエアを通る人の数（当時）〕の人々と同じように、劣悪な都市環境だと思っただろう。この地区に足を踏み入れると、あの有名なパブリックスペースは、有毒な排ガスをまき散らすトラック、クラクションを鳴らすせっかちなタクシー、歩行者信号が青にもかかわらずかすめるように曲がっていく車に占拠されている。人が集うはずの広場《スクエア》という名にふさわしくない、とがっかりするかもしれない。タイムズスクエアはとても広場とは言えず、マンハッタンのミッドタウンが膨らんだ首だとすると、そこにきつく巻

左：歩行者天国になる前の車の往来が激しいタイムズスクエア。人々のためのスペースがほとんどなかった。
右：仮設のテーブルなどを置いて人々に開放されたタイムズスクエア。経済、社会、安全の面で効果があったが、ドライバーも例外ではない。
（Courtesy of New York Department of Transportation）

かれた蝶ネクタイのように交通渋滞を引き起こしている。このような大混乱から一時でも逃れて、まちのエネルギー、ブロードウェイの華やかさ、壮大な全景という、大勢の観光客を惹きつけるまち本来の姿を見つめることなどできそうにない。

ところが、同じメモリアルデーの週末の「後」に再び訪れてみたら、まるで違う光景が広がっているだろう。依然として賑やかな歩道は、すっかり混雑が緩和されている。車道から耳をつんざくような騒音はもう聞こえない。何百人もの人々が車道の中央に置かれた折りたたみ式アウトドアチェアに腰かけながら、笑顔で語らい、写真を撮っているではないか。頭上や周囲を見渡せばきらびやかな光があふれ、その新しいにわか仕立てのようなパブリック・スペースが、実はほんの数日前に車やトラックが五感を狂わせた場所だとわかる。さあ、これでもう、タクティカル・アーバニズムという用語を知らなくても、その力と可能性がわかったはずだ。

タクティカル・アーバニズムとは何か

『メリアム＝ウェブスター英英辞典』によると、「tactical」の語義は「of or relating to small-scale actions serving a larger purpose（大きな目的を果たすための小規模な行動の、または、それに関連する）」あるいは「adroit in planning or maneuvering to accomplish a purpose（目的を果たすための計画または駆け引きが上手な）」となっている。タクティカル・アーバニズムは、都市に置き換えると、短期的かつ低コストで規模を変更《スケーラブル》できる介入と政策を用いて、近隣のまちづくりと活性化を行う手法である。その担い手は、行政から、企業、非営利団体、市民団体、個人まで幅広い。タクティカル・アーバニズムは、オープンで反復型の開発プロセス、リソースの有効活用、社会的な交流によってもたらされる創造力を特徴とする。ナビール・ハムディ教授によれば、型にはまらない計画をすることだという[1]。従来のまちづくりのプロセスは時間がかかるうえに縦割り組織によるものだったが、タクティカル・アーバニズムは、いろいろな点で過去から学んだ対応策だ。タクティカル・アーバニズムを活用すれば、市民はすぐにパブリックスペースの再生、リデザイン、計画の見直しができる。デベロッパーや起業家にとって、参入しようとする市場からデザインインテリジェンスを集める手段になる。社会活動団体にとっては、市民の支援や政治的支援を得るために何ができるかを示す手段になる。そして行政にとっては、ベストプラクティス［訳注：最良事例］をうまく実践する方法であり、しかもスピード感をもってできるのだ！

　人々が住む場所は絶えず変化しているため、タクティカル・アーバニズムが提案するのは「万能策」ではなく、意図的で柔軟な「対応策」だ。前者では、都市開発分野で多くの重複する領域が固定されたままであり、都市に影響を与えるほとんどの不確定要素を現在と遠い未来においてコントロールできると考える。後者では、この概念を否定し、都市のダイナミズムを受け入れる。このように見方を変えれば、地域のレジリエンスを議論するきっかけとなり、「公民」が連携して細やかで迅速なまちづくりの手法を模索するのを促すだろう。長期的な変化を思い描きながら、いやおうなく変化する状況に合わせて調整できるという手法だ。本書はその効果的なやり方に、主眼を置いている。

　すべてのまちづくりの取り組みにおいて、本書で述べている戦術的《タクティカル》な手法が役立つわけではないことは百も承知だし、橋の試験調査や超高層ビルの試作に仮設資材を使うことを提唱しているわけではない。しかしうまくいけば、大規模プロジェクトは目に見えるほどではなくても、変化を促進できるかもしれない。タクティカル・アーバニズムの価値は、いわゆる「大規模計画《ビッグ・プランニング》」プロセスの手詰まり状態（ニコ・メレ著『ビッグの終焉──ラディカル・コネクティビティがもたらす未来社会』に同意。第3章で詳しく検証する）を、長期的かつ大規模な目標を見失うことなく、臨機応変に調整できる漸進的なプロジェクトと政策で打破することにある。

タクティカル・アーバニズムを活用して、新しい場所をつくったり、既存の場所を改良するのに役立てたりできる。たとえば、ボストンの「ビッグ・ディグ（Big Dig）」事業では、総工費220億ドルをかけて中央幹線道路を地下化し、空いた敷地に15エーカー［訳注：約6万平方メートル、東京ドーム1・3個分］のローズ・ケネディ・グリーンウェイをつくったが、この新たな公共緑地は活性化が必要だった[2]。『ボストン・グローブ』紙は2010年の社説で、「ボストンの連帯感を象徴するはずだったものは、むしろこの地域の偏狭な縦割り社会の犠牲になっている」と主張している[3]。建築評論家のロバート・キャンベルは、「見るものはあっても、することが何もない」と表現した[4]。キャンベルをはじめとする他の多くの批判を受けて、ローズ・ケネディ・グリーンウェイ管理局は、閑散とした空間に賑わいをもたらす事業を始めた。デモンストレーションガーデン、ストリートアートの場を設け、キッチンカー、安価な可動式のテーブルと椅子を置いてみると、緑地に新しい命が吹き込まれた。このような低コストの変更自体は、マスタープランに一切含まれていなかったが、この事例を見れば、活気のないパブリックスペースを改善するのに何百万ドルも必要ないことが明らかだ。

タクティカル・アーバニズムは、低コストで反復型の開発プロセスを用いるだけではない。たとえば、製造業には、有名な「トヨタ生産方式」を採用しているところが多い[5]。これは、長期的な目標を達成するために日々改善を続けるというものだ。同じように、ハイテク起業家は、製品開発手法「リーン・スタートアップ」〔訳注：アメリカの起業家エリック・リースが生み出した起業の方法論〕の教義に着目している。これは、意図的に迅速化《アジャイル》した「構築—計測—学習」という製品開発サイクルの始まりとして、短期間で試作品をつくることを提唱するものだ。つまり、ベータ版（試用版）さえあれば、段階的に素早く不具合を修正し、最終的に商品化できるという考え方だ[6]。このような概念は、都市計画をはじめとする他の専門分野で広く認められている。第2章と第5章では、こうした考え方と近隣の開発との関連性について探っていく。

調査や仕事を通して、急速に増えている数多くのタクティカル・アーバニズムのプロジェクトを見つけ出した。これらのプロジェクトは、画期的な交通手段、オープンスペース、小規模なまちづくりの取り組みによって、時代に合わない政策と都市計画プロセスに対処している。近隣のまちづくりと活性化に市民が直接参加して生まれたものもあれば、非営利団体、デベロッパー、行政などの組織の創意工夫から生まれたものもある。全体からわかるのは、短期的なアクションが長期的な変化をもたらすということだ。

タクティカル・アーバニズムは、都市社会学者のウィリアム・〝ホリー〟・ホワイトが「まだ工夫を凝らして活用していない空間の巨大な蓄え」と表現したものに、適用されることが多い[7]。今日の蓄えは、つまり、空き地、空き店舗、広すぎる大通り、高速道路の地下道、平面駐車場、

ほんの少しの介入と大胆なパブリックアートを加えたら、ボストンのつまらないローズ・ケネディ・グリーンウェイに新たな命が吹き込まれ、注目が集まった。(Mike Lydon)

その他の低未利用のパブリックスペースであり、市やまちでは依然としてよく見られ、起業家、芸術家、前向きな行政職員、地域に貢献したい「ハックティビスト」［訳注：ハック［hack］とアクティビスト［activist］からなる造語］のターゲットになっている。このようなグループは、都市をリアルタイムでアイデアを試す実験場と見なし、そのアクションがきっかけとなっていろいろな創意あふれる起業の取り組みが生まれた。たとえば、キッチンカー、ポップアップストア［訳注：空き店舗などを利用して短期間だけ営業する店舗］、ベター・ブロックの取り組み［訳注：よりよい街区をつくる取り組み］、チェアボミング［訳注：パブリックスペースに椅子を持ち込むこと］、パークレット［訳注：路肩の駐車スペースをパブリックスペースに転用すること］、輸送コンテナマーケット、自作

（ＤＩＹ）自転車レーン、ゲリラガーデニング［訳注：土のある場所に所有権のない人が勝手に花の種まきや苗植えを行うこと］など、タクティカル・アーバニズムのムーブメントを代表するイベントが行われた。このような介入は、マスタープランには一切含まれていなかったが、必要に応じて斬新なイベントを開催し、利用者や通行人が新しい未来を思い描くだけでなく、体験するのにも役立っている。そしてそこにこそ、タクティカル・アーバニズムの魅力がある。つまり、机上の空論のままの都市計画やコンピュータで描いた建築パースではなく、変化を求めて手ごたえのある提案をすることだ。

DIYアーバニズムvs.タクティカル・アーバニズム

ライフハッキング［訳注：日常生活や仕事の生産性や効率を高める取り組み］。ものづくり。専門知識の終焉。PinterestやＩＫＥＡの影響[8]。どのような呼び名であろうと、ＤＩＹ文化の再燃は、都市環境において類似例がたくさんある現象だ[9]。ＤＩＹアーバニズムには、ポップアップ・アーバニズム、利用者主導のアーバニズム、反政府アーバニズム、ゲリラ的アーバニズム、アーバンハッキングがある。ＤＩＹアーバニズムは、起業家精神と、パブリックアート、デザイン、建築、工学、テクノロジー、進歩的なアーバニズムの概念を混ぜ合わせたものだ。

では、これらすべてのアーバニズムは、本書の主題であるタクティカル・アーバニズムとどの

ヤーンボミングはDIYで美化できるが、一般的に戦術とは言えない。（「イカの木」ローナとジル・ワット、2013年、knitsforlife.com/yarn-bombs）

ような関連があるのだろうか？　答えは簡単だ。ＤＩＹアーバニズムの取り組みがすべて戦術的《タクティカル》であるわけでも、タクティカル・アーバニズムの取り組みがすべてＤＩＹであるわけでもない。たとえば、ヤーンボミング（道路標識、自転車ラック、彫像などにかぎ針編みをするアート）という国際的な活動は、どのまちなみにも創造性を（ひょっとしたらカビも）もたらす色鮮やかなＤＩＹ行為だが、普通は時代に合わない政策の見直しやインフラ不備への対応など、長期的な変化を起こそうという意図はない。ストリートアートやご都合主義的なプレイスメイキングの一種と評してもよいかもしれないが、タクティカル・アーバニズムとは言えない。

ＤＩＹアーバニズムは、個人またはせいぜい少数の参加者の表現であり、これはタクティカル・アーバニズムにも当てはまる傾向だ。しかし、無視できないのは、タクティカル・アーバニズムは、アイデアを試したり、遅れずに変更したりするために、地方自治体の部局、行政、デベロッパー、非営利団体の主導でもできることだ。これらの構想は、市民の小規模な社会活動から始まることが多いが、地方自治体のプロジェクトデリバリー方式に組み込まれ、市内の近隣にうまくもたらされると、タクティカル・アーバニズムの利点が明確化されていく。

タクティカル・アーバニズムは、若さあふれるやや反逆的なムーブメントとして描写されやすいが、闇にまぎれて不法行為をするだけのものではない。スプレー塗料の缶を振り回し、木製パレットを別の目的に転用して、緩慢な官僚制度を打破しようとする、「ドゥタンク」（シンクタンクの対語）や「都市修理隊」などの事例は目が離せない。といっても、タクティカル・アーバニズムのプロジェクトが行われるのは、あくまで合法の範囲内だ[10]。たとえば、近隣住民がペイントした「ゲリラ的横断歩道」は、無許可側に属し、ニューヨーク市交通局が自動車通行止めにしたタイムズスクエアにアウトドアチェアを設置するのは、許可側に属する。火つけ役が誰であれ、タクティカル・アーバニズムの魅力は、許可か無許可かを区別できなくても、人々はこの急成長するムーブメントの要《かなめ》である人間中心のアプローチを評価していることだ。

戦略vs.戦術

「戦略」と「戦術」は、一般的に軍事作戦を連想させるが、まちづくりの重要な用語でもある。都市計画では、社会、環境、および（または）経済の目標を達成するために主要な政策やインフラ整備をマスタープランで策定することによって、戦略を立てる。たとえば、自動車への依存度を減らすという目標を達成するには、乗換駅近くを高密度化するなど、さまざまな政策変更を含む戦略が必要だ。戦略は、都市計画プロセスを通して明確化され、市のリーダーが採用し、ゾーニングを変更して密度を高めるなど主要目的を達成することによって実行に移すのが理想的だ。

このアプローチは特定の状況では機能するものの、既得権益は依然として扱いにくく、時代に合わない政策の壁は進歩を妨げ、リーダーシップがなければよく練られた計画と戦略が棚上げになってしまう。だから、戦略策定は戦いの道半ばにすぎない。都市計画家、デベロッパー、社会活動家が皆同じように必要としているのは、内外から実施に向けて円滑に事を運ばせるのに役立つ戦術だ。私たちは戦術という言葉をこのように解釈しているので、よく引用される都市研究家でありフランス人哲学者でもあるミシェル・ド・セルトーの見解とは異なっている。

ド・セルトーは独創的な著書『日常的実践のポイエティーク』のなかで、戦略は権力者（公）の正式な道具であり、戦術は弱者（民）の対応となると主張している。戦略を行使する者たちは、戦術を練る者たちと常に競争している。この二項対立は、絶えず変化するニーズに合わせて、一般人が都市環境の形態や用途をどのように変えるかを観察することに関心がある人誰もに関係がある。ブリコラージュ［訳注：あり合わせの道具や材料でものをつくること。転じて、持ち合わせているもので現状を切り抜けること］とも呼ばれる小規模なまちづくりの非公式なプロセスは、近隣に個性をもたらし、いわゆる「エブリディ・アーバニズム」に関心のある学者たちの調査対象となっている。［訳注：第一人者のマーガレット・クロフォードは「日常生活に意義を見出すアーバニズム」と呼び、ニューアーバニズムと比較される］

タクティカルの範囲

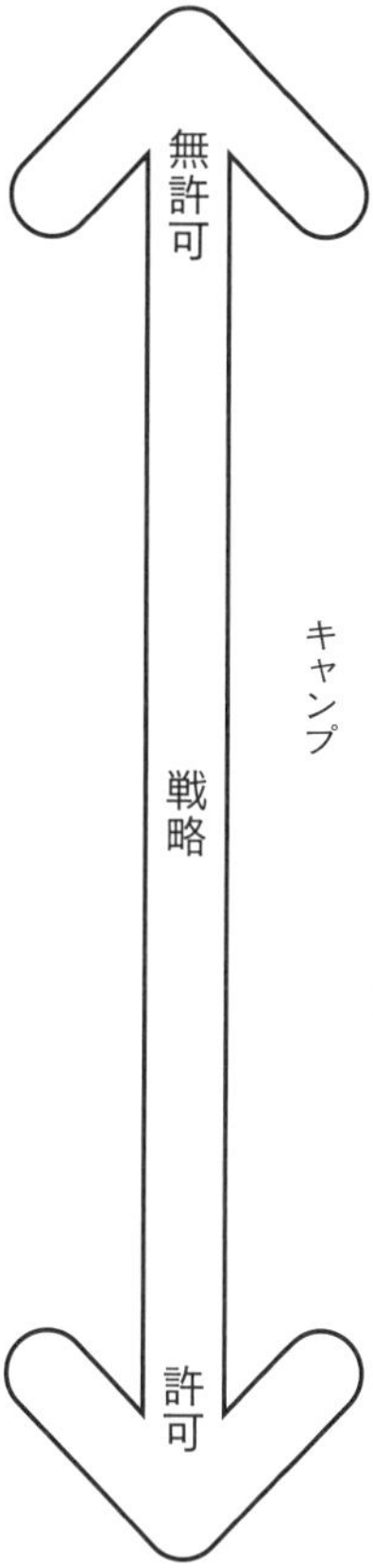

ビルド・ア・ベター・ブロック
非公式自転車パーキング
インターセクション・リペア
ゲリラガーデニング
セットバックの再利用
ウィードボミング
チェアボミング
アド・バスティング（広告破壊）

パーキングデー
パークメイキング
ポップアップ市役所
マイクロ・ミキシング
サイト・プレバイタリゼーション
ポップアップショップ
キッチンカー
屋台
ディペーブ（舗装面の緑地化）
キャンプ

道路空間の広場化
道路空間の公園化
オープンストリート
プレイストリート
ポップアップカフェ
パークモバイル

タクティカル・アーバニズムの範囲：よく練られたプロジェクトは、無許可で始まってもやがて許可されることも多い。（The Street Plans Collaborative を元に作図）

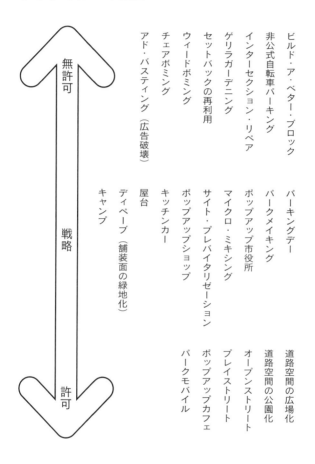

ブルックリンの至るところにある近隣住民がつくった「ストリートシート」は、普通はファウンド・オブジェクト［訳注：偶然発見された自然物］と再生素材でできている。（Mike Lydon）

市民はもっと戦略的に活動できるようになれるし、同様に行政はもっと戦術的に活動できるし、そうすべきだというのが私たちの考えだ。したがって、戦略と戦術は同等の価値を持ち、互いに協調して用いなければならない。確かに、この二つは目指すゴールが異なる場合が多いが、どのように戦略と戦術を併用して都市を前進させるかはさらに興味深い。タクティカル・アーバニズムは、都市を前進させるためのツールの一つであり、誰にとっても迅速によりよい環境をつくり出せば、ボトムアップとトップダウンの両プロセス間の敵対関係に事前に対処できると確信している。その方法については、第5章で概説する。

より多くの人に働きかける方法と、より多くの人が応えてくれる方法

交通手段の選択肢を増やすにせよ、パブリックスペースの利用を増やすにせよ、あらゆる人にもっと快適な公共の領域を提供するにせよ、公平性の追求はタクティカル・アーバニズムのプロジェクトの焦点だ。もちろん、公平性は状況次第であり幅広いため、定義しにくいこともある。たとえば、あるグループにとって公正で平等だと見なされるものが、別のグループにとっては同じように見なされないかもしれない。

さらに、多様な人々が公共の意思決定に参加する平等な機会を提供する場合、善意で行われる機能的にオープンな都市計画プロセスに関心があるのは、人口統計学上の特定層だけだ。つまり、教養があり、常に市民問題に興味を持ち、一番重要なことだが、空き時間がある人々だ。老いも若きも、公民権を剥奪された人も、無関心の人も巻き込む方法を見つけるのは、それほど簡単ではない。確かに私たちがコンサルタントを務めるプロジェクトでも、そのことに苦労してきた。

公共的な都市計画の取り組みが全員参加に近づくことは決してないだろうが、タクティカル・アーバニズムのプロジェクトがうまく実践されれば、計画案とコンセプトをより多くの人々に伝える一手段になる（この章の後半のデイビススクエアの事例を参照）。「火曜日の夕方6時30分に市役所に来てください」とお願いするのではなく、市役所で作成した案を、人々がすでにいる場

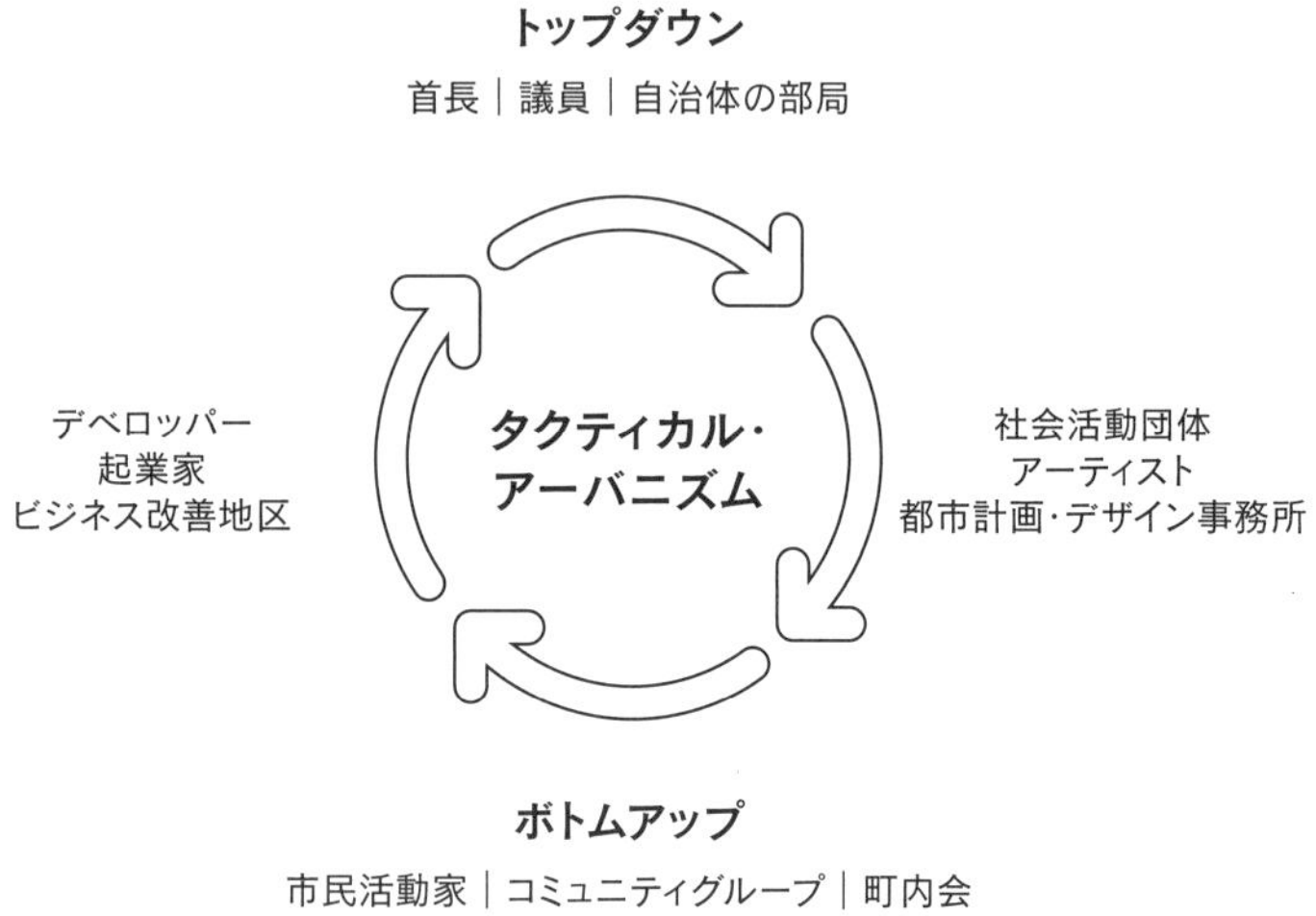

戦術家は、ボトムアップからトップダウンまでその間のどこにでもいる。(The Street Plans Collaborative を元に作図)

所に持ち込み、実現の可能性を試すべきだ。第3章では、市民参加プロセスの限界と、タクティカル・アーバニズムが範囲を広げるうえで果たせる役割について、さらに検証する。

タクティカル・アーバニズム：一般的な3つの適用例

すでに述べたように、さまざまな担い手がタクティカル・アーバニズムを利用する可能性があり、介入によってこれらの担い手が達成しようとする目標も幅広い。次の3つの適用例は、最も一般的だと思われるものだ。

・市民主導で、抗議、試作、変化の

可能性の見える化によって、従来型のプロジェクトデリバリー方式を避け、地方自治体の官僚制度を打破するため。この活動は、市民が「都市に対する権利」を行使していることを表している。

・市役所、デベロッパー、非営利団体が、プロジェクトの計画、実施、開発プロセスへの市民参加を推進するためのツールとして。

・市役所やデベロッパーが、長期的な投資を行う前にプロジェクトを試行するために用いる「フェーズ0」早期実施ツールとして。

タクティカル・アーバニズムを利用するこれらの3つの方法は、相容れないわけではない。実のところ、たいてい1番目は2番目につながり、次に3番目につながっていく。次の項では、各適用例について、もう少し深く掘り下げ、実例を示す。

変化の必要性を行動で示す市民

市民にとってタクティカル・アーバニズムは、たいてい市民の不服従の表現として用いられるか、あるいは、単に市の条例や市民参加プロセスのスケジュール延長に悩まされずに物事を達成する方法として用いられる。対象となるのは、通常、時代に合わない政策や望ましくない物理的状況だ。あらゆる形の抗議と同じく、変化を強く求め可能性を伝えるために、直接行動することが推進力になる。たとえば、パークインでは、通常は駐車禁止の場所に縁石すれすれに駐車し、大通りを一時的に狭くする。２０１３年、「バッファローズ・シティズン・フォー・パークサイド・アベニュー（Buffalo's Citizens for Parkside Avenue）」がラッシュアワーに「パークサイド・パークイン」を開催すると、４車線の車道を猛スピードで走る車の流れがゆっくりになった。このイベントを撮影したユーチューブの動画では、ある活動家の声を伝えている。「何年間もこの通りには車の騒音がとどろいている。でも、ここは高速道路の進入車線と出口車線なんかじゃない。うちの近所なんだ[11]」

ウォーカビリティ［訳注：歩いて生活しやすいこと］が都市の健全性を測定する指標として重要度を増すにつれて、ゲリラ的横断歩道は、地面に白線を数本引くだけで何カ月も何年もかかることにうんざりしている近隣の活動家たちの戦術として登場した。実際に、ニューヘイブンからホノルルにいたるまで、市民はもう白線が存在しない場所や消えた場所に、横断歩道の白線をペイントで描いた。さまざまな介入が論争にならずに実施されているが、ゲリラ的横断歩道のムーブメントは行政が眉をひそめている場合も少なくない。たとえば、２０１４年２月の「ストロング・タウンズ（Strong Towns）」のブログ記事「ばかなまねはやめろ、柔軟になれ」は、白線の横断歩道に少し付け足して「ＡＬＯＨＡ」と読めるように変えたのを取り締まったホノルル当局者を戒めた。即興のように見えるメッセージは、車が占拠する交差点に人間性をもたらし意識を高めようとし

ピッツバーグでは、タクティカル・アーバニズムの地域貢献活動は見過ごされない。(Leslie Clague for the Polish Hill Civic Association)

た。しかし、メッセージは縦線に横線を数本追加しただけとはいえ、地方自治体関係者によると「基準に反するもの」であり、信用できないという。明らかに矛盾している。なぜなら、ハワイは街路設計基準を順守したのに、歩行者死亡率が全米トップになり、特に高齢者の死亡率が高くなったからだ[12]。

抗議よりも奇抜さが原動力になっているのが、今や国際的なムーブメントになったチェアボミングだ。この人気の戦術は、木製パレットをアディロンダック・チェア〔訳注：折りたたみ式アウトドアチェア〕やその他のストリートファニチャーに変え、歩道やパブリックスペースに置いて誰でも楽しめるようにするものだ。たいてい、世界的な都市のベンチ不足解消を目指す善良な市民が行っている。「ドゥタンク：ブルックリン（DoTank: Brooklyn）」というグループは、2011年にニューヨーク市中にこのようなストリートシートをいくつか置いて、国際的なトレンドに火をつけた[13]。それ以降、木製パレットチェアは、DIYと市民主導のタクティカル・アーバニズムのムーブメントの普遍的なシンボルとなっている。

無許可の市民活動に、市職員は難色を示すかもしれないが、近隣住民にはおおむね好評のようだ。結果として敵対関係が生じるのは、規制が促進する都市像と、市民が望むような快適な都市像とのずれが広がりつつあるからだ。ホノルル市のような否定的な対応の例はあるものの、市のリーダーたちはこのような公共心のある活動を、必要な政策転換や長期的なプロジェクトに活用する機会だと考えるようになってきている。第4章の例では市民主導の活動が持つ改革力を探り、第5章で無許可の「ゲリラ的」手法が自分のプロジェクトに適しているかどうか判断する方法について解説する。

市民に参加してもらうためのツール

都市計画家らは、都市開発プロセスにおいて、タクティカル・アーバニズムが市やデベロッパーと市民との隔たりを埋めるのに役立つことを認識しつつある。たとえば、ニューヨーク市の先見の明がある市のリーダーたちは、期間限定のパイロットプロジェクトであれば、どのように変わり得るかが短期間で実証されるため、NIMBY（わが家の近所はごめんだ）の恐怖を和らげるのに役立つことを見出した。他の市も注目している。2012年に、マサチューセッツ州サマービルのデイビススクエア地区の街路計画が策定された。そこで用いられたのは、チーフプランナーのジョージ・プロアキスが従来型のトップダウンの「デザイン―提案―防御」方式だと批判したものだ。そのとき、少数の近隣のステークホルダーは「嫌の一点張り」で、計画のなかで最も理にかなったパブリックスペースの要素をいくつか拒否した。市は、既存の市民参加制度に関心を持つのは「一般市民」を代表して発言する数人だけだと認識し、頭を切り替え、近隣計画構想「サマービル・バイ・デザイン（Somerville by Design）」を立ち上げた。このアプローチの中核をなすのは、タクティカル・アーバニズムの活用だ。つまり、論理的に提案を説明するために企画会議に来てくださいと言うのではなく、計画のコンセプトを実際に人々のもとへ届けるのだ。目標は、現実社会で人々に各種機会を提供し、幅広い参加者がたくさんの情報に基づいて意思決定できるようにすることである。

　私たちの事務所が関わっていた初期のサマービル・バイ・デザイン構想では、ごく小さな公共駐車場を3日間公共の「ポップアップ広場」に変えた。広場の計画は、一般市民が拒否した2012年の街路計画に含まれていた。人気のキッチンカーが駐車場の区画を借りてプロジェクトのわずかな費用を賄い、公共事業局が市役所から調達したテーブルと椅子を置き、大道芸人やミュージシャン（出演依頼者もいれば、飛び入り参加者もいた）がパフォーマンスを行った。近隣計画のシャレットに合わせて、一時的に駐車場が広場に変わったため、広場のコンセプトをはるかに幅広い人々に紹介することができた。3日が過ぎた後、市民集会、広場の全テーブルに置いたアンケート用紙、近所のうわさによると、駐車場をパブリックスペースに変えることに対して、市民の支持が高まったことが明らかになった。それ以降、市はそのプロセスを開始し、本当の参加型都市計画はフリップチャートや地図に描くだけでは不十分だと証明した。さらに、市はサマービル・バイ・デザイン構想に含まれる他の近隣計画プロセスに、市民参加とプロジェクト実施の両段階でタクティカル・アーバニズムを導入した。

フェーズ0 実施

都市計画家と参加する一般市民が正式な計画プロセスを終了する時点で、将来的にプロジェクトが成功することへの期待はたいてい最高潮に達する。ところが、資本予算、助成金、州や連邦政府の財政支援を待っている間に、その熱意と勢いが衰え、規制や面倒なプロジェクトデリバリー方式にがんじがらめになってしまうことが多い。タクティカル・アーバニズムは、いわゆるフェーズ0実施プロジェクトによって、この状態を緩和することができる。またの名をプレイスホルダー・プロジェクトともいい、仮設の材料や設備を用いて、正式な計画プロセスで生まれた勢いを継続

マサチューセッツ州サマービルのデイビススクエア地区にある小さな市営駐車場。一時的な改良の前。（Dan Bartman）

していく。プロジェクトはすぐに利益を生むと同時に、多額の設備投資が発生する前に、定性的および定量的なデータを収集してプロジェクトデザインに組み入れる機会になる。（第4章の「道路空間の広場化」のタイムズスクエアの事例参照）

プロジェクトが計画どおりに進まない場合、資本予算の総額を使い果たさず、将来的なデザインは学んだ教訓を活かすように調整されるだろう。うまくいった場合、小規模で期間限定の変更は、永続的な変化を実現するための第一歩となる。このように小規模の変更を積み重ねていけば、よりよいプロジェクトになるだけでなく、従来の計画プロセスで生まれた勢いも削がれない。

フェーズ0実施の最近の事例として、オーストラリア東部の小都市ペンリスを挙げたい。シドニー拠点のコンサルタント会社プレイス・パートナーズ（Place Partners）は、市の目抜き通りのハイストリートのマスタープランを計画する1年半のプロセスを完了した後、計画の主要な案の一つを前倒しで試してみてはどうか、と市議会に勧めた。交通量の少ないハイストリートの地区とあまり使用されていないアスファルトの区画を、新しいコミュニティパークに置き換えるという案だ。

市議会は、プロジェクトで提案された最終状態に至るための資金と政治的意志がまだないことを知り、プレイス・パートナーズの提案に応じて、1年間ポップアップパークを試行するために4万ドルもの資金提供を約束した。私たちの事務所は、集中ワークショップの開催を依頼された。ワークショップは、市の公共事業部が事前に許可した有料の部品キットを使って、市民と地元のステークホルダーがポップアップパークを共同設計するというものだ。市は、ポップアップパークを翌月に「建設」することに同意した。

市の財政支援を受け、ポップアップパーク試行までにわずか1カ月しかないことから、ワークショップの参加者（事業者、建築学生、地域住民、コミュニティメンバー、行政職員）は、目の前の仕事が絵に描いた餅の発想ではなく、現実なのだと感じた。難しいのは、3つに分かれたチームがそれぞれ1万ドル未満の材料を使ってプロジェクトの担当箇所を設計し、残りの1万ドルを

マサチューセッツ州サマービルで開催された３日間のポップアップ広場「カッタースクエア」。市民の参加を促し、パブリックスペースの改良への支持が得られた。（Dan Bartman）

使って3つの計画をまとめて一つの総合公園にすることだった。

約束どおり、市は翌月にトライアルパークを実施した。初期評価はまちまちだったが、初回プロジェクトに関与していない第三者コンサルティング会社が実施した中間評価によって、過去6カ月間の収集データ（交通の流れ、利用者の行動、店舗売上高）を分析したところ、不動産所有者には乗り気でない人もいたものの、店舗や隣接するレストランの店主の何人かには好評を得たことがわかった。さらに、一般市民は公園スペースで数多くの公共イベントを楽しむことにだんだん慣れてきた。２０１4年5月、市議会はポップアップパークの期限を２０１５年３月までという当初の1年間の契約を延長することを投票で決定し[14]、同様の手法を用いた2番目のポップアップパーク・プロジェクトに着手した[15]。

全米各地に、フェーズ0の適用例が出現している。2007年以降、ニューヨーク市交通局は地元のビジネス改善地区（Business improvement district, BID）や地元の支援団体と提携し、何エーカーものアスファルト区画を期間限定の広場、歩道の拡幅［訳注：歩道を張り出すことで車道を狭め、車の速度を抑制する］、横断歩道の安全島に変えてきたが、なかにはすでに常設になったものもある（第4章参照）。ワシントンDCでは、市の都市計画局が不動産所有者と協力して、ポップアップショップやアートインスタレーションで空き商業スペースを活性化する「テンポリアム」を設立している。

西海岸では、サンフランシスコの「道路空間の公園化（Pavement to Parks）」プログラムに定評があり、路上駐車スペースをミニチュアパークに変えるパークレットなどと共に「戦術的プロジェクト」として力が注がれている（第4章を参照）。サンディエゴでは、デベロッパーとダウンタウン・パートナーシップが、「メイカーズ・クォーター（Makers Quarter）」にサイロ（Silo）と呼ばれる期間限定のイベントスペースを設けて空き地に命を吹き込むと同時に、ポップアップのミニチュアパーク、モバイル・パークレット、都市農場を街路計画に加えた。オレゴン州ポートランドは、西海岸の他の都市に先駆けて、2001年に市の条例により市民主導の「インターセクション・リペア（交差点の改良）」プロジェクトを許可した（第4章参照）。最後に、ラスベガス、アルバカーキ、シカゴ、ソルトレイクシティ、プロビデンス、アトランタ、その他の全米の何十もの市やまちで、

上（実施前）：ペンリスのハイストリートの終点にはアスファルト面が広がっていた。
下（実施後）：ペンリスのポップアップパークは、市のハイストリートにパブリック・スペースを設置し、焦点をつくり出した。
(Penrith City Council)

市主導で許可を受けたタクティカル・アーバニズムのプロジェクトやプログラムが行われている。タクティカル・アーバニズムが市の都市計画部門の主流に組み込まれているのは、市のプロジェクト実施方法が変化していることの表れだから、リスクがないわけではないが、依然として頼もしい傾向だ。

現在進行中のコンサルティング業務と調査業務のなかでも特に楽しい側面は、シンプルで低コストのプロジェクトが、無許可から許可されたプロジェクトへと移行するスピードを調査することだ。そして、地元の市民、地方自治体、民間部門の主導で、期間限定から恒久的なプロジェクトへと進化する過程を追跡することだ。とはいえ、タクティカル・アーバニズムは、公民一体となって、最も必要とされる場所に利益をもたらすために総合的かつ領域横断的な手法を考えなければ、成果は上がらない。

なぜこの先を読むべきなのか

タクティカル・アーバニズムは、飲み歩きから掲示板まであらゆるものを表す言い回しとして誤用されがちだ。そういう活動を阻止しようというのではない。飲み歩きが「ダメ」とは言わないが、タクティカル・アーバニズムが何であるか、それをどのように効果的に適用できるかを、本書を読んで理解してもらえれば幸いである。

第一に、タクティカル・アーバニズムは画一的な解決策でも、市が新しいアイデアに対応できることを証明するチェックリストでもない。むしろ、タクティカル・アーバニズムは、エンジニアであり都市計画家でもあるチャック・マローン〔訳注：正式名チャールズ・マローン〕が「整然としているが愚かなシステム」と呼ぶものを、「雑然としているが賢明なシステム」に変える方法である。つまり、いろいろなアイデアを持つ人の輪を広げ、近隣の規模で生活の質を向上させるのだ。このように、力はプロセスに直結している。タクティカル・アーバニズムは何度も修正することができ、社会実験しながらアイデアを発展させていく意欲と理解を表している。結果はまちまちかもしれないが、プロセスは信頼できるものでなければならない。実は、このプロセスは、たいてい小学校6年生までに学んでいる科学的手法に似たものだ。

本書のテーマは、公民一体となって、まちづくりに対して迅速かつ効率的で創造性あふれる手法をどのように生み出せるかである。確かに行政の業務は多種多様で、うまくいっているものが多い。しかし、さまざまな行政のまちづくり業務（計画、エンジニアリング、住宅、公共事業などを管理するために考案された「優れた縦割り社会」（マローンの言葉）は、調和しない行政のソフトウェア（文化、条例、政策など）を生み出し、ひいては都市のハードウェア（建物、街路、公園など）の建設に置き換えられている。この制度の主要部分は策定からおよそ百年が経過し、ほとんどの地区で時代に合わなくなってきているため、改正を余儀なくされている。今日のまちづくりに携わる人々の任務は、ソフトウェアを再統合し、よりよいハードウェアが生まれ続けるようにすることだ。つまり、住民がよりよい生活ができ、訪れた人がよりよい体験ができるようになり、経営者の商売が繁盛することである。

そうは言っても、支配者と被支配者の間につきものの敵対関係は、都市の歴史と同じくらい古い。「タクティカル・アーバニズム」という用語は比較的新しいものだが、ここで伝えるプロセス、アイデア、戦術、プロジェクトは新しくないものが多い。第2章では歴史上の6つのできごとを紹介し、非公式、可動性、仮設、戦術的なまちづくり構想が、都市の社会的、政治的、経済的、物理的な構造をどのように変え続けてきたかを読み解いていく。

第3章では、今世紀の大不況と都心回帰現象、行政との断絶の拡大、ラディカル・コネクティビティ［訳注：膨大なデータを瞬時に、いつでも、地球上のどこにでも送ることができる能力］の発展が後押しして、21世紀のタクティカル・アーバニズムがどのように起こったかを探る。諸行無常であるとすれば、問題は、過去十年間に学んだ教訓が、今後の何年かの都市開発のあり方にどのような見識をもたらすかということだ。

本書では多くの斬新で印象的なプロジェクトを紹介しているが、第4章では、タクティカル・アーバニズムの力を最もよく表している五つの事例「インターセクション・リペア」「ゲリラ的ウェイファインディング」「ビルド・ア・ベター・ブロック」「パークメイキング」「道路空間の広場化(Pavement to Plazas)」を取り上げている。読者の皆さんにはこれらの戦術はもうおなじみかもしれないが、どんなに熟練したタクティカル・アーバニストであっても必ず新しい発見があるものだ。

実際に、各戦術には始まったきっかけがあり思わず引き込まれてしまう。そのなかで、プロジェクトが考えられた理由、実施方法、実践から学んだ教訓、それらが地域、全国、ひいては世界にもたらした影響を解説する。紹介するこれらの事例に触発されて、実に多くの優れたプロジェクトが生まれたため、5つのうち4つには、時間と場所が異なる事例も含まれている。つまり、これらの戦術は規模《スケーラビリティ》を変えられることの表れだ。

タクティカル・アーバニズムのプロジェクトは社会的、物理的、文化的な背景が限りなく多様なので、たった一つの既製のやり方を考えることもできず推奨もしていない。さらに、タクティカル・アーバニズムのツールキットは常に進化しているため、私たちは、プロジェクトのパートナー、実践者、読者の皆さんとともに研究し学び続けている。なお第5章では、皆さんが独自のプロジェクトを考案できるように、最善かつ最新のアドバイスを提供している。成功したプロジェクトには、デザイン思考の5原則に則った共通のアプローチの要素がいくつかあることがわかった。この場合の「デザイン」は、モノそのものではなく具体的なプロセスを意味し、「アクション、名詞ではなく動詞」と形容すべきである[16]。

第5章ではまず、エンドユーザーの共感を得て理解を深めることについて考察する。それに続いて解説するのは、適切なプロジェクトの機会を定めて選択し、許可を受けた市の取り組みの形をとるべきか、もう少し非公式に打ち出すべきかを決める方法だ。また、プロジェクトの計画の仕方（当然、何らかの計画が必要だ）について述べ、資金調達や適切な仲間の見つけ方など、前に進めていく方法について解説する。さらに、どのように試作品をつくり、気に入った材料を共有し、テスト段階に進むかについても述べる。そこには、プロジェクトが成功するか失敗するかを予測するのに役立つ評価基準の作成も含まれる（当然、失敗することもある）。

第5章の終わりに、プロジェクトを計画し実施するための基本的な適正評価《デューデリジェンス》を奨励し、初回であろうと百回目であろうとプロジェクトに着手する前に考慮するとよい一連の誘導的な質問で締めくくる。

まとめでは、タクティカル・アーバニズムのムーブメントについて簡単に振り返る。そして、本書のアイデアを活用して、ぜひ自分自身の市やまちでアクションを起こしてみてほしい。

行動を開始する前に、タクティカル・アーバニズムには非常に現実的な限界があることを覚えておいてもらいたい。それは、きわめて厄介な都市問題に対する「最高の」解決策でもなければ、「唯一の」解決策でもないということだ。この上なく魅力的な都市に差し迫っている住宅危機を解決することも、修理が必要な橋を直すこともできない。高速鉄道の線路を敷くこともできず、北米の多くの都市で見られる迫り来る公的年金危機を解決することもできない。これらの課題に対する解決策を見つけた人がいたら、絶対その人の本を購入するだろう。

冗談はさておき、こうした制約があるからこそ、タクティカル・アーバニズムには紛れもない魅力がある。タクティカル・アーバニズムは、明るい未来像に基づくムーブメントだ。また、大都市や小さなまちでうまくいく対応やプロセスを考案することであり、隣人たちや市のリーダーと社会的資本を構築することだ。そして、ナビール・ハムディの言葉によると、「変化を求めて型を破る[17]」ことであり、一番目につきやすい場所である近隣の住みやすさを向上させることである。

マイアミ・デイド郡公立移動図書館

02

タクティカル・アーバニズムの着想の源と前例

まちより前に、集落や社《やしろ》や村があった。村より前に、野営地、食料などの隠し場所、洞窟、石塚があった。そしてこれらすべての前に、人間には多くの動物種と全く同じように、群れをつくる性質があった。

——ルイス・マンフォード
『歴史の都市　明日の都市』1

自分たちが全く新しい形のアーバニズムを発見したと思えればよいのだが、実は、都市生活の課題に対して一時的または低コストで対応したいという欲求は、今に始まったものではない。ここでは、歴史を通して見出された主なプレイスメイキングの価値の数々（仮設、低コスト、柔軟性、双方向、参加型）を再構成し、デジタル時代に合わせて更新した。古代ローマ軍の仮設の野営地から、16世紀のパリのセーヌ川沿いの違法な古本屋ブキニスト、1893年シカゴ万国博覧会の期間限定のホワイトシティまで、タクティカル・アーバニズムの特徴は歴史を通して、まちづくりのパターンに刻まれてきた。

今日私たちをはじめ多くの人々は、いくつかの社会的、経済的、技術的な傾向（第3章で考察）

を取りまとめて、タクティカル・アーバニズムと呼ぶものの利点を再発見してきた。究極的には、タクティカル・アーバニズムは、基本的な人間の本能に対する今の対応だといえる。つまり、社会資本、ビジネスチャンス、食料を入手する方法、天災や人災に対する安全性、住みやすさ全般を向上させるための漸進的かつ自主的なアクションである。このような本能は、建物、街路、公園の無駄のない効率的な開発を促進するマクロスケール戦略にも、習慣化された商業、政治、レクリエーション、芸術に関する都市「内」のミクロスケール戦術にも表れている。

この章で紹介する歴史上の前例は、包括的でも完全な整合性があるわけでもないが、タクティカル・アーバニズムの介入の先行例に着想を与えている。時代は変わっても原則は変わらない。都市生活を向上させようとする人間の創意工夫は、歴史を通じて、職業、分野、地点を問わない。都市生活を向上させるために、満たされていないニーズや未開拓のチャンスは常に存在するはずだ。そのようなニーズやチャンスに、直接的に創意工夫を凝らして効率よく対応する人々は、21世紀に進むべき道を示してくれるだろう。

世界最古の通り

通りは都市の背骨であり、公共空間で最も多い場所だから、世界最古の街路とされている反復的でほぼ横割りのプロセスに、私たちが市民主導のアーバニズムの精神を見出したのは当然だ。

キプロス島にあるヒロキティア（Khoirokoitia）の新石器時代の集落には、陶器が使われ始めるより数千年前の紀元前約7000〜3000年に人々が居住していた。最盛期には、村民300〜600人が暮らしていた［訳注：1998年にユネスコ世界遺産に登録された］。

村には、直線の通りに面してさまざまなサイズの円筒形の石造建物が並んでいた。建物と通りが合わさって丘の頂上を形成し、ふもとから続く階段と歩道を通らなければ登ることができず、まちに行くには、これらの中継点を登らなければならなかった[2]。完成すると、全長185メートル（600フィート）に達した。この通りはキプロス島の丘の中腹から採石された岩を使って、伝達、移動、商売、安全など、コミュニティの必要最低限のニーズを満たすためにつくられた。

通りの建設は、社会が協力して建設するという新たなレベルに発展したことを意味する。単なる通りにとどまらず、通りも村もその機能を拡大していった。実際に、「通り」は建物と建物の間の余剰空間だっただけでなく、出入りが制限される土地で意図的につくられた構造物だった。全体を統括する正式な行政組織がなかったため、通りをつくり維持する責任があったのは、ヒロキティアの住民だけだった。住民たちは、村が存続するために通りがいかに重要かを理解していたのだ[3]。

当時も公道ではない小道、道路、その他の一時的な大通りがあったのは間違いないが、それらとは異なり、ヒロキティアでは、公道の位置や幅を変えずにそのまま残すという共通合意が結ばれた。公道と私邸の間の境界を守ることが住民たちに求められたが、何千年も変わっていないと

世界最古の「都市」の通りは、キプロス島のヒロキティアで新石器時代の集落につくられ、紀元前約7000年から3000年まで人々が居住していた。(By Ophelia2 via Wikimedia Commons)

ころを見ると、功を奏したようだ。そして、村内に他の公共空間がなかったため、通りは社交の役割をもつようになった。それがアーバニズムだ。

村民たちは、それ自体が都市計画だとは思っていなかっただろうが、共通の幹線道路に沿って建物を意図的に配置したのは、歴史上初の市民主導の公共都市計画プロセスに数えられる。人口は(せいぜい)数百人のまちだったので、人々のニーズと長老評議会の間の溝を埋める仕事はごくわずかだった。長老評議会は、統治者としてではなく、コンセンサスの調停者としてそのプロセスを監督したにすぎない[4]。

ヒロキティアの通りは、集団で暮らす空間を整備し維持したいという古代人の欲求の表れだ。実は、公式のプロセスも非公式のプロセスも、まちづくりにおいて重要な役割を果たしている。人口数百人の村民が集まって道1本をつくる様子はわかりやすいが、都市に10万人以上の人々が住んでいる場合、この土着のまちづくり精神はどうなるのだろうか？　この問いには今日、大小を問わず都市で答えが出ている。人のために街路をつくることは、数多くの交通手段が導入されてから、限りなく複雑な取り組みになってしまった。しかし、次の項で説明するオランダで1960年代後半に行われた最初のボンエルフの事例と、第4章で紹介する多くの事例は、「市民が歩く、遊ぶ、売る、交流する」という街路本来の目的に立ち返ることができ、これからもそうし続けるという希望を与えてくれる。まちは人が主役なのだ。

ボンエルフ

オランダで「ボンエルフ（woonerf）」が脚光を浴びているのは、過去100年間に行われた多くのストリートデザインのイノベーションと異なり、交通工学の専門家ではなく、地域で車を徐行させようとする市民のアイデアだったからだ。オランダ語で「生活の庭」を意味するボンエルフは、車に乗っていない人が車に乗っている人より優先される住宅街だ。木々、車止め、自転車ラック、その他の公共設備を戦略的に配置し、ドライバーは衝突しないように歩行速度近くまで減速するという仕組みである[5]。

オランダのボンエルフ（車だけでなく、歩行者、自転車、気晴らしをする人々が利用できる街路）は、住民が思いつき、自ら役目を買って出て、近隣で車を減速させた。（Dick van Veen）

ボンエルフが誕生したのは、オランダのデルフト市のコンパクトで歩行者優先のまちで、車の利用が増えるにつれて安全性、渋滞、大気汚染に関連する問題が深刻化し、住民グループが不満を募らせたときのことだ[6]。自治体が対応しなかったことから近隣住民のグループがひらめいて、真夜中に舗装面の一部をはがしたところ、車は、障害物ができた場所を減速して通らなければならなくなった。この市民主導のボトムアップの取り組みは、世界中に新たな種類の街路をもたらした。街路は再び市民のものとなり、遊び、ウォーキング、サイクリングができるようになり、車優先ではなくなった。

介入のせいで日常生活が混乱したという証拠はほとんど見当たらなかっ

たため、市役所は市民主導の取り組みを黙認し、社会活動家たちはその正式な許可を求めた。1976年、オランダ議会は、ボンエルフを全国街路設計基準に組み込んだ規制を可決した。今日、ボンエルフや同じような歩車共存空間は、北米以外で認められつつある交通静穏化策であり、共通の専門業務に基づく基準と工学実務を用いる国際機関の了解を得ている。

ボンエルフが世界中で受け入れられていることから、無許可の草の根活動が、どのように行政機関の許可を受けることができるのかがわかる。この考え方（無許可のイノベーションが許可を受けた活動になる経緯）は第1章でも紹介したが、ボトムアップの取り組みがトップダウンのプロセスに方向性を与えられることがいかに重要かを示しているため、繰り返し伝えたい。

カストラ

タクティカル・アーバニズムは、行政が迅速かつ効率的な都市開発の原則を推進しようとする場合、スケールアップが可能だ。グリッド状に都市街路をつくると街区ができるが、この手法は、中央集権的なトップダウンの都市計画に古くから用いられた戦略の一つであり、共同のボトムアップの都市化のための枠組みをもたらした。

このプロセスの歴史上最も有名な例の一つは、古代ローマの「カストラ（castra）」の設営である。ラテン語で「大軍団の野営地」を意味するカストラは、進軍のために確保する場所としても仮設や常設の軍の駐屯地としても使われる用語だった。古代ローマの歴史家フラウィウスは次のように述べた。

古代ローマ軍は敵地に進軍するやいなや、戦いを始めるわけではない。まずは野営地を塀で囲む。塀は間に合わせでも不揃いでもない。塀の内部は整然としているわけでも、無造作なわけでもないが、地面がでこぼこだったら、まず平らにした。野営地は測量して正方形にし、大勢の大工たちは道具を持ち、兵舎を建設する態勢にあった[7]。

特別な用途のために建てられた常設の石造建物もあったが、野営地の兵舎は、最初は布などの仮設の材料で建てられた（少なくともスペインなどの温暖な気候の場所では）。戦闘と戦闘の間には、野営地は地元住民のための商業と交易の中心地に早変わりし、やがて仮設の建物は常設の建物に変わった。バルセロナからカルタゴまで、ヨーロッパと中東の諸都市は、仮設の古代ローマ軍の野営地として始まり、移動しやすいようにグリッド状に街路がつくられた[8]。最も有名な例の一つであるロンドンは、西暦43年頃に最初はカストラとして定住地になった。ローマ人はイングランドに侵攻し、内陸部を進みテムズ川にたどり着いた。そこで現在のロンドン橋の東に仮設の木造橋を建設した。やがて、この橋とカストラが構築した枠組みは、入植者を引き寄せ、最終的に都市が成長することになった。

グリッドの発展

古代ローマのカストラから受け継がれてきたものの一つは、迅速な土地開発を奨励する方法としてグリッドを使用したことだ[9]。この適応可能かつ予測可能な都市成長戦略は、インディアス法〔訳注：スペイン国王が西インド諸島、アメリカ大陸、フィリピンの領地に対して公布した一連の法律集〕のもとで開発されたまちから、サバンナやフィラデルフィアなどの植民地時代のアメリカの都市まで、歴史を通して事実上、都市集落のパターンとなった。

ウィリアム・ペン〔訳注：イングランド植民地の政治家、宗教家、ペンシルベニア植民地総督〕が1682年にフィラデルフィアにユートピアのまちをレイアウトしたとき、デラウェア川とスクールキル川の間にグリッド状の街路と街区を配した。当初想定していたのは、2つの川の間に広がる「緑のカントリータウン（greene Country Towne）」だった。畑と庭園に囲まれた大邸宅が建つ約4048平方メートル（1エーカー）の「紳士の地所」80戸が均等に並ぶというものだ。ペンはこの計画に課税したかったが、税金を取り立てる行政機関がなかったせいで、何度も拒絶された。ある記述によると、「理事会の会合はごくまれにしか開かれず、暫定で役目を果たす権限を持つ役人がいなかったため、ペンシルベニア州には行政機関がないも同然で、圧政に苦しむことはなかったようだ[10]」という。

20年も経たないうちに、市は行政機関がなかったにもかかわらず商業の中心地として繁栄し、やがて市の地主たちは1エーカーの土地に大邸宅を建てるのはやめて、もっと効率的で密度の高い多目的開発を好むようになった。多くの人がロンドンで目にしていたアーバニズムと同じような、棟続きのタウンハウスや狭い路地を備えたものだ[11]。

おそらく、この新しい都市計画の最初の例は、エルフレス小径（Elfreth's Alley）の建設であり、現存しているアメリカ最古の住宅街とされている。1702年、植民地時代の鍛冶屋ジョン・ギルバートとアーサー・ウェルズは、川沿いに隣り合った土地を所有していた。川の近くの鍛冶屋をセカンドストリート（成長する都市を北端や西端でその先と結ぶ大通り）につなげるために、各自が土地の一部を譲渡し、境界線に沿って荷車が通れる小径をつくった[12]。これがエルフレス小径となった。この半無政府主義的で隣同士が共同で行った都市開発の事例は、現実的なニーズに対応したものであり、アメリカにおける市民主導の介入の初期の例と考えられるだろう。今日の郊外の袋小路では想像しがたい事例だ。

北米の平屋住宅

街区規模の戦略のいくつかが、市民主導のきめ細かな都市計画の促進に役立つことを紹介してきたが、個々の建物についてはどうだろうか？　一時的で中央集権的な計画や恒久的な市民主導の土地開発など、建物がどのようにつくられてきたのかを探ってみることにしよう。

20世紀初頭、都市の成長圧力とそれにともなうインフラ（道路、下水道、電力、輸送）のニーズにより、不動産のデベロッパーがまちはずれの広大な土地を細分化する市場が生まれた。この傾向は、都市の不動産開発の方針転換を意味し、便利な私鉄の路面電車路線ができたおかげで郊外に住んでも都心の勤務地に通えるようになった。新興の近隣は一度にマスタープランが策定され、一戸建て住宅、集合住宅、商業施設が密集した建設用地は、直線と曲線の街路と街区が混在するグリッドに配置された。デベロッパー主導の都市化の時代が到来すると、アメリカの路面電車の郊外《ストリートカー・サバーブ》が誕生した。

都市近郊のデベロッパーは、今日の私たちが知っているデベロッパーとたいして違わないが、カタログ販売の平屋住宅や一戸建て住宅を自ら建てることによって市民が近隣の成長にもっと直接的に関与することができたので、開発の枠組みはまるで違っていた。1927年には約1200ドル（現在の価格で約1万5000ドル）で、家族は詳細な図面一式付き建設マニュアルを購入することができ、2週間以内に建築資材が出荷され、自分で家を建てることができた。デベロッパーは家を建てず、家の周りのインフラを整備し、土地を売った。この制度は、地方自治体がゾーニングと土地開発規制を全面的に導入する前だったので、官僚制度の弊害がほとんどなく、誰にとっても価格を低く抑えられた。実際に、新たな住宅所有者は、自治体の手続きの網をくぐり抜けたり、建築家、不動産鑑定士、請負業者を雇ったりして、魅力的な家を短期間で建

1921 年のシアーズ・ローバック・カタログの通信販売で買える住宅。
（シアーズ・ローバック社カタログ「シアーズホーム 2013」1921 年。Public domain via Wikimedia Commons）

てる必要もなかったのだ[13]。

クラフツマン（Craftsman）のカタログには何百種類もの間取りが掲載されており、カスタマイズすることで、難なくニューヨーク州北部仕様にもカリフォルニア仕様にもできた。アラディン（Aladdin）住宅会社は、金づちを扱える人なら誰でもアラディン住宅を建てられると喧伝した[14]。シアーズ・ローバック社の有名な通販「モダンホーム」プログラムは、高品質のカスタムデザインと有利な融資で、顧客は夢のマイホームを建てる自由を手に入れた。この方法は非常に人気があったので、1908年から1940年にかけてシアーズ・ローバック社は7万〜7万5000軒の住宅を販売した。

都市近郊のグリッド内に建てられたクラフツマンの平屋住宅は、簡単に建設や複製ができて低価格で拡張できたため、当時の近隣開発戦術として好まれた。要するに、より広範な近隣開発計画を速やかに実現させたのだ[15]。

都市戦術として通販住宅が普及したことは、さまざまな点で、オンラインのハウツーマニュアル、ガイドブック、ユーチューブ動画によって、世界的に広まっている現代の戦術的介入の前身と見なせるだろう。パーキングデー、チェアボミング、オープンストリート、パークレット、その他の市民主導の戦術に関してうまくまとめられた情報は、インターネット上で簡単にアクセスできるが、前の世代はこのツールを利用できなかった。今日のコンテナハウス［訳注：輸送コンテナで建設された建築物］への関心の高まりも、安価だがカスタマイズしやすい都市構造というこの20世紀初頭の事例からヒントを得ている。

万国博覧会

タクティカル・アーバニズムの価値観を映し出す建物と対極をなすのは、万国博覧会で建てられたものなど、大規模な仮設の建物やモニュメントである。これらのイベントの多くで受け継がれた建築遺産は、万博を特徴づける大規模開発ではなく、パリ、ニューヨーク、シカゴ、セントルイスなどの現在の都市構造の一部をなす公共空間や建物にある。

1851年に始まり、今日でも開催されている万国博覧会または国際博覧会は、数年ごとに各都市が持ち回りで開催する公の博覧会で、各種展示パビリオン、モニュメント、文化活動で構成される。博覧会は2〜6カ月の開催期間で、開催国が構築した大規模で期間限定の都市の枠組み内で、さまざまな国の文化、商業、技術の資産を紹介する。そして、インターネット以前の世界において万国博覧会は、文化、商業、技術の情報を世界規模で伝えるための重要な手段だと参加者は考えていた。

多くの万国博覧会の会場は、政府によるトップダウンの都市の実験場となった。オリンピック大会を除いて、政府が期間限定の建築とアーバニズムに莫大な資金を費やすことが認められている例は他にない。長期的な変化を生み出すために短期的なアクションを用いる状況で、タクティカル・アーバニズムの考察に関連するのは万博そのものではなく、急ピッチで実施される緊急性であり、建物、インフラ、公園、モニュメントの建設が強引に進められ、それが永続的な整備につながることもある。

最も有名な例の一つは、1889年のパリ万国博覧会で建てられたエッフェル塔だ。今では、フランス文化とパリの都市生活の国際的なシンボルと見られているが、鉄を使用した技術発展を際立たせる期間限定のインスタレーションになるはずだった。取り壊さずに残された同様のランドマークには、シアトル・スペース・ニードル（Seattle Space Needle、1962年）やニューヨーク市クイーンズ区の巨大地球儀ユニスフィア（Queens Unisphere、1964年）などがある。

特に影響力のあった万国博覧会として、1893年シカゴ万国博覧会（Columbian World Exposition）があった。この万博は、クリストファー・コロンブスのアメリカ大陸発見400周年を記念して1893年に開催された。この万博の敷地はジャクソンパークとミッドウェイ・プレイザンスで、広さは2・43平方キロメートル（600エーカー）以上に及び、ダニエル・バーナム〔訳注：アメリカの建築家、都市計画家。超高層ビルの開発に尽力した〕、ルイス・サリバン〔訳注：シカゴ派の代表的な建築家〕は、ジョージ・B・ポスト〔訳注：ボザール様式を専門とする建築家〕、リチャード・モリス・ハント〔訳注：アメリカの建築家。自由の女神像の台座を設計〕、フレデリック・ロー・オルムステッド〔訳注：アメリカの造園家、都市計画家。ニューヨークのセントラルパークをはじめ、都市の公園を設計した〕など、アメリカの名だたる都市計画家、建築家、ランドスケープアーキテクトが設計した。総監督であり都市計画家でもあったダニエル・バーナムが心に描いていたのは、都市の未来像を示す壮大なプロトタイプだった。

ボザール様式で設計されたおよそ200の期間限定の建物は、木造で白いスタッコが塗られ、当時開発されたばかりの交流電球が並び、夜間にライトアップされて「ホワイトシティ」の異名をとった。約5カ月の会期で来場者は2700万人を超え、会期がほぼ6カ月だったパリ万博に次ぐ数字だった。建物の永久保存を提案した人もいたが、1894年の万博会場の火災により縮小された。ほとんどの建物は焼失したが、整備された敷地は存続し、なかでも再設計され拡張されたジャクソンパークは現存している。

以下のような記述がある。「ホワイトシティは、表現のための表現であり、偽物であることを認めている。とはいえ、その偽物は、門の向こうに広がる問題を抱えた世界より真実に近く、現実社会の未来像を映し出していると主張した[16]」。そして、万博の本当の遺産は、ジャクソンパークではなく、建築と都市計画の世界に長く影響を与え続けていることだ。都市計画家、ランドスケープアーキテクト、建築家が協力して、どのように国民生活の環境をつくり出せるかを展示することにより、この期間限定の都市の力が働き、都市美運動（City Beautiful movement）や私たちの知る現代の都市計画の業務が促進されたのは確かだろう。世界中の都市はホワイトシティの影響を受けて、街路を美化し、自治体主導のアート作品を制作依頼し、パブリックスペースや公共建築をつくった。これは歴史上の決め手となった実証プロジェクトの一つなのである[17]。

パブリックスペースで行われる都市の活動

ここまでに、グリッド、街路、建物という大規模なまちづくり活動への戦術的アプローチの例を解説した。次に、レクリエーション、アート、市民参加、商業をはじめとするこれらの空間で行われるプログラム企画に焦点を移したい。活動の火つけ役となるのは、市民から、共済組合、地方自治体や地方政府まで多岐にわたるが、どの場合もパブリックスペースを活性化する流動的な活動や一時的な活動が行われている[18]。

02-1

サンディエゴのバルボアパーク

万国博覧会が開催都市に長期的に影響を及ぼした注目すべき別の事例は、サンディエゴのバルボアパークである。1865年につくられたこの公園は、1915年パナマ・カリフォルニア博覧会（Panama-California Exposition）の会場に選定されたときに整備され、1935年カリフォルニア太平洋国際博覧会（California Pacific International Exposition）のときに再び整備された。なかでも注目すべき点は、公園と周囲の道路網を結ぶカブリリョ橋、フランク・ロイド・ライト設計の多くの幾何学式庭園とパブリックスペース、現存する数十の公共施設とパビリオンである。

パナマ・カリフォルニア博覧会の100周年記念を見越して、2011年に公園の新しいマスタープランが起草された。これには、サンディエゴ美術館前のパナマ広場を本当の歩行者広場に戻すという重要な提案が含まれていた。何年もの間、広場は大きな平面駐車場として使われ、すばらしい市民空間になるはずだったのに台無しになっていた。駐車場を確保するため、計画では公園の他の整備に加えて、新しい駐車場の建設も必要だった。

政治的課題と法的課題に直面して、物議を醸した4500万ドルのプロジェクトは棚上げになり、推定1%という低コストの取り組みを積み重ねていくアプローチが選ばれた。駐車場は短期的には重視されていなかったので、市は地面を魅力的な薄い黄褐色に塗りプランターをいくつか置いて、様子を見ることにした。ドライバーは再生された広場の一部を徐行して回ることができたが、以前は壮大なパブリックスペースだったところは、即座におおむね本来の状態に戻った。タクティカル・アーバニズムの精神をとらえて、元市長は当時、「ある要素が機能しない場合、市は他のことを試みることができる」と述べた[a]。

当初は公園や美術館への来場者が減るのではないかという議論もあったものの、広場を整備するとそこに面するティムケン美術館の来館者は記録的に増えた。都市計画家によると、結果は大成功を収め、住民たちから「スペースを利用してさらにプログラムを企画してほしい」と要望があった。市は縮小した100周年記念の計画を進め、広場の周囲に新しい街路灯が設置したものの、恒久的な再設計は棚上げになっている。

3 Lisa Halverstadt, "Inspiration for Plaza de Panama: Bryant Park, Zócalo and Red Square," *Voice of San Diego*, July 29, 2013, http://voiceofsandiego.org/2013/07/29/inspiration-for-plaza-de-panama-bryant-park-zocalo-and-red-square/. 以下も参照のこと。 Gene Cubbinson, "Parking Lot Removed in Plaza de Panama," *NBC San Diego*, June 10, 2013, http://www.nbcsandiego.com/news/local/Parking-Lot-Removed-in-Plaza-de-Panama-Balboa-Park-210837961.html; Lauren Steussy, "Timeline: Plaza de Panama," *NBC San Diego*, June 10, 2013, http://www.nbcsandiego.com/news/politics/Timeline-Plaza-de-Panama-138954679.html.

上：パナマ広場は、何年間も大きな平面駐車場として使用されていた。
下：はるかにコストのかかる長期計画を断念し、サンディエゴ市は低コストの材料を使ってパナマ広場を本当の歩行者広場に変えた。
(Howard Blackson)

プレイストリート

ストリートフェアやバザー、市場、ブロックパーティー［訳注：地域のお祝い、祭り］などの一時的なイベントは、何千年もの間、街路に命を吹き込んできた。これは、大通りが実用的な用途と同様に、豊かな社交や経済の目的を果たしていることを裏付けている。しかし残念ながら、1900年代初期に、新たな交通工学専門家、自動車メーカー、石油生産者、保険会社が一丸となって、1世紀にわたり車を絶え間なく走らせ、人々の街路を奪い取った。それでも、車が都市部の街路を占拠し始めるとすぐに、たとえ一時的にすぎないとしても、街路を人々の手に取り戻すための戦術的な介入が行われた。

自動車時代の幕開けで都市が過密状態になり、公園のような場所が不足すると、街路が子どもの主な遊び場かつ大人の主な社交場となった。市街地に自動車が入るようになると、この文化と調和せず、すぐに子どもの交通死亡者数が他の病気の死因の数に比べて急増した。子どもたちが安全に遊べるように、数ブロックで車を通行止めにして一時的なプレイストリートをつくるというアイデアは、ニューヨークやロンドンなどの都心部で子どもたちの安全を確保するための戦術として、警察から生まれた。

1909年、『ニューヨーク・タイムズ』紙は、市の警察長官が、歩行者、特に子どもたちを守るために交通規制するパイロットプロジェクトの計画を起草したと報じた（都市が今日実施しているパイロットプロジェクトと変わらない）。ニューヨーク市公園遊び場協会（New York City Parks and Playgrounds）は、「人口最多」地区で放課後の時間帯に車を通行止めにすることで、「ドライバーと歩行者の双方にとって有益になる」ように実験を計画した。子どもたちに安全な遊び場ができる一方で、「トラック運転手とお抱え運転手」は近隣内の通行が認められた[19]。

新しいパイロットプロジェクトでは、道路閉鎖によって事業者が打撃を受けるかどうか、多数の借地人や住民がいるかどうか、交通量が順調に減るかどうか（5分でワゴン車38台または毎時自動車25台が通るのは交通量が多いと見なされる）などの要因を考慮した。『ニューヨーク・タイムズ』紙は以下のように伝えている。

アスファルト面で木のない暑い街区は美しい遊び場にはならないが、放課後にトラックの走行が禁止されれば、少なくとも子どもたちの街路は費用もかからず安全できれいになるだろう。この新しい交通規制計画の支持者は、渋滞した近隣の同じブロックに植林すれば、低コストで十分な遊び場を確保する実用的な方法になるだろうと考えている。

実際に、街路を時間限定で別の目的に利用することは、近隣の若者の娯楽エリアと屋外の遊び場を維持しながら、近隣の社会生活を取り戻すための実に迅速で低コストな方法だとわかった。

初期のパイロットプロジェクトの成功から、ニューヨーク市警アスレチックリーグ（New York City Police Athletic League）は、1914年に夏のプレイストリート・プログラムを立ち上げ、子どもたちがスポーツやゲームをしたり、文化活動に参加したりするための監督区域を設けた。市警本部長アーサー・ウッズはマンハッタンの29街区を確保し、日曜日を除く毎日午後に車を通行止めにした。1916年、ニューヨーク市警は、プレイストリートを支援し、『ニューヨーク・タイムズ』紙に、「子どもたちが遊びたがるのは当然だし、市が遊び場を提供することを拒否すれば、子どもたちは道路で遊ぶだろう」と述べた。同記事によると、プレイストリートの目的は「子どもたちに道路をふらつかせないようにして、適切な監視のもとで健全な遊びの機会を与えることによって、犯罪の誘惑を減らすこと」であるという。最初のプログラムが成功し規模を変えられたため、1921年までに25のプレイストリートがつくられ、その後すぐにブルックリン、ブロンクス、クイーンズにさらに50のプレイストリートが追加された。

人気があったにもかかわらず、ニューヨーク市やその他の場所でのプレイストリート・プログラムは、自動車の利用が増加し郊外移転が進んだためにほとんど廃止された。ところが今また、自動車が都市に及ぼす悪影響と闘うためのツールとして再浮上している。といっても今回は、懸念を抱く市民主導で行われている場合が多い。イギリスにはかつて、20世紀初頭にニューヨーク市で見られたものをモデルにした何百ものプレイストリート・プログラムがあり、市民主導の取り組みが政策変更につながった。

たとえば、2011年にイギリスのブリストルに住む親のグループは、ストリートパーティーのために考案された法令を用いて、街路から車を締め出し子どもたちが安全に遊べるようにした[20]。数カ月以内に、ブリストル市議会はその利点を認め、新しい政策を打ち出し、住民は子どもたちが遊べるように週最大3時間を自動車通行止めにできるとした。この取り組みのおかげで保健福祉省から助成金を得られたため、コミュニティのリーダーになった親たちは、「プレイング・アウト（Playing Out）」と呼ばれる全国的な社会活動団体を設立し、自分の近隣にプレイストリートをつくりたい親たちの相談にのっている[21]。2年後、ブリストルは40以上のプレイストリートを誇り、その戦術は再びイングランド中の多くの都市に広がっている。

そしてアメリカでは、ミシェル・オバマ大統領夫人の「健康なアメリカのためのパートナーシップ（Partnership for a Healthy America）」の支援を受けて、プレイストリートが身体活動を奨励し、蔓延している小児肥満の対策に役立っている。（ニューヨーク市で最も成功した市民主導のプレイストリートの取り組みについて、詳しくは第4章参照）

ストリートを開放し、コミュニティを変革する

考え方を変えれば、オープンストリートの取り組みは、プレイストリートのムーブメントの拡

初期のパイロットプロジェクトが成功したため、ニューヨーク市警アスレチックリーグは、1914 年に夏のプレイストリート・プログラムを立ち上げ、子どもたちがスポーツやゲームをしたり、文化活動に参加したりするためのカーフリーエリア（自動車規制区域）を設けた。
(Courtesy NYC Municipal Archives, NYPD & Criminal Prosecution Collection)

大だと考えられるだろう。ブロックパーティー、ストリートフェアなど、同様のイベントと混同してはならないが、序文で言及されているコロンビアのボゴタのシクロビアなどのオープンストリートの取り組みでは、一時的に道路を自動車通行止めにして、ウォーキング、ジョギング、サイクリング、ダンスなどの健康的で楽しい身体活動に使用できる。トロントを拠点とする8‐80シティーズ（8-80 Cities）の取締役でボゴタの元公園監督官であるジル・ペニャロサによると、「人の流れが車の流れに取って代わり、街路は『舗装された公園』になる。そこでは、あらゆる年齢、能力、社会的・経済的・民族的背景を持つ人々が出てきて、精神、身体、情緒の健康を高めることができる」という。

コロンビアのボゴタが１９７４年にシクロビア（「自転車道」）を立ち上げ今では有名になった。そして今日、多くの北米のオープンストリート主催者は、中南米の都市から刺激を受けている。といっても、ボゴタにシクロビアが登場する前に、シアトル・バイシクル・サンデーズ（Seattle Bicycle Sundays）があった。全長約４・８キロ（３マイル）のワシントン湖大通りに沿って、複数の公園を結んで車を通行止めにした取り組みだ。１９６５年に始まったバイシクル・サンデーズは、シクロビアより10年近く前に開催された、北米最古のオープンストリートのイベントである。シアトルの取り組みにすぐさま触発され、ニューヨーク市（１９６６年）、サンフランシスコ（１９６７年）、オタワ（１９７０年）の公園やパークウェイで同様の取り組みが行われ、その四つすべてが今日まで続いている。

反戦運動や公民権運動が行われた１９６０年代と１９７０年代から２０００年代半ばにかけて、北米で少数のオープンストリートが計画されたが、２００６年以降、アメリカとカナダで１００以上のオープンストリート構想が立ち上げられた。オープンストリートは、一般的には広範な市または組織の取り組みの一部であり、持続的な身体活動を推奨し、コミュニティの参加を促し、エンジンのない交通手段の利用を促進する。これらの独自の基本方針は、オープンストリートとプレイストリートを区別し、参加者がコミュニティに対する見方を変え、コミュニティとのつながりを高めてもらうものだ。

コロンビアのボゴタは、1974年に有名なシクロビア（「自転車道」）を打ち出し、特定の街路を自動車通行止めにした。シクロビアは今日でもボゴタで実施されている。（Photo by Pedro Felipe. Accessed via Wikimedia Commons）

プレイストリートもオープンストリートも、都市の主要なオープンスペースである街路を利用する際に市民が果たしてきた重要な役割を示している。この種のストリート規模の活動を推進する形で人々に積極的に関与してもらうことは、現代のガバナンスと都市計画に対して重要なタスクの一つだと確信している。地方自治体のリーダーは、政策を採用しプロジェクトを練り、限られたリソースを利用して最高のボトムアップの取り組みを市全体に拡大できる立場にある。今やそれを実行するためには、市と市民にとって、タクティカル・アーバニズムはなくてはならないツールなのだ。

ボニー・オラ・シャークとパークメイキングの誕生

創造力を働かせて一時的に街路を改良することは、パークレットの歴史にも見られ、マイクロ・パークは現在、読者の皆さんの近くの都市の駐車スペースに定着している（第4章参照）。これらの小規模でときには季節限定で行われるポップアップパークは、パブリックスペースを取り戻すための現代の戦術と見なされているが、サンフランシスコとニューヨーク市を拠点とするアーティスト兼ランドスケープアーキテクトであるボニー・オラ・シャークの活動にさかのぼることができる。

１９７０年代初頭に、シャークはサンフランシスコで一連のアートインスタレーションを考案し、パブリックスペースの配分と利用について批判した。当時、アメリカの諸都市の公園スペースは、市民の郊外移転によって税基盤が縮小したことによる深刻な予算削減の悪影響を受けていた。シャークが行動を起こしたのは、アートを用いて人々にパブリックスペースに関する考え方を変えてもらうためだった。「パフォーマンスアートを用いてどのようにまちを変えるかを模索する最初の公共プロジェクトだった」と、シャークはウェストビレッジのカフェでコーヒーを飲みながら私たちに語った。シャークが行った介入で最も有名なものは、《ポータブル・パークスⅠ-Ⅲ》と題されるもので、１９７０年に始まり、世界中の都市で見られるポップアップパークとパーキングデーのインスタレーションの先駆けと見なせるだろう。その驚くほど先見の明のある介入では、自動車インフラを一時的に公園に変えたが、それは35年後に悪評が広がることになるアーバニズムの一テーマを暗示していた。

シャークの独創的なインスタレーション《ポータブル・パークスー・Ⅲ》は、アーティストがインフラ整備に影響を与える可能性を示しただけでなく、計画と実施のプロセスに芸術全般が含まれていないことも明らかにした。

サンフランシスコ美術館から1000ドルの助成金を得て、シャークはサンフランシスコの3カ所で4日間にわたって一連のポータブルパークを設計し実現した。インスタレーションは、高速道路の進入車線の上下、サンフランシスコ中心部のメイデン・レーンに設置された。それには、家畜（市立動物園から借りたもの）、ヤシの木、長い芝生、ベンチなどのユーモアあふれる要素が盛り込まれ、「実在するマグリット風幻想という驚くべき影響を与えた[22]」。芸術あり抗議ありの介入は、時代を先取りしただけでなく、抵抗運動も象徴し、パーソナルコンピューティングを生み出した新興ベイエリアのハッキング文化の基礎をなした。

「ボニー・オラ・シャークの最初のパブリックアート作品は、植物や動物を呼び物としたポータブルパークの形での『牧歌的なデモンストレーション』を通して、サンフランシスコの生気のない機械的な都市空間に一時的に命を吹き込んだ」とキュレーターのターニャ・ジンバルドは述べた。今日のパブリックスペースへの介入と同様に、これらのインスタレーションを設置する場所を見つけて必要な許可を得る義務がシャークにあった。「ポータブルパークでは、確立した制度に対応し、連絡をとり、作品の正しさを納得してもらわなければならなかった」と語った。そして、プロジェクトに対する市の対応はどうだったかとたずねたところ、シャークは当時としては珍しいことだったので、「ダメ」と言うための規約がなかったと説明した。単にカリフォルニア州交通局(Caltrans)から「進入許可証」をもらうだけで、高速道路の上下にポータブルパークを設置することができたが、今日では許可を得るのはそれほど簡単ではない[23]。

シャークが行ったような1970年代の介入に対して、最近、人気が再燃している。これと同時に、環境主義と都市計画を融合させて、仮設のパブリックアートのインスタレーションがインフラ整備にどのように影響を与えられるかを実証する仮設のインスタレーションにも、新世代のアーティストたちの注目が高まっている[24]。

この項の他の事例とともに、シャークの仮設公園は、街路をどのように使い、オープンスペースを大切にするかについて強く主張した。次の事例では、市民参加または商業のための小規模な移動式の活動が、パブリックスペースの使い方にどのように大きく影響するかについて解説する。

移動図書館

市役所から市立図書館まで、公共サービスは歴史を通じて移動形式で存在してきた。今日の移動図書館は、トラック、バン、バスの形で行われているが、過去に繰り返されてきた例では、自転車、荷馬車、ロバの荷車、ラクダ、バイク、ボート、ヘリコプター、電車を利用していた。手段に関係なく、それぞれの移動図書館はトップダウンの組織（自治体、非営利団体、ときには資産家）が管理する場合も、提供するサービスを支援する市民が管理する場合もあった。

移動図書館の最古の事例のいくつかは、ビクトリア朝イングランドにさかのぼる。カンバーランド地域では、慈善家のジョージ・ムーアが移動式手押し車図書館を始め、8つの異なるまちを行き来して本を貸し出し回収した。自己改革と社会的流動性というビクトリア朝の理想とあいまって、この時代の記事には移動図書館に関連する成功事例が掲載されていたので、他の人たちが「農村の住民たちに優れた文学を普及する」ことができた[25]。もう一つの事例は、1858年にイングランドのウォリントン機械工協会で行われた。この協会は、「巡回図書館」をつくり、教育を受ける金銭的余裕のない人々に教育を受けさせるために、少額の料金を支払った労働者階級の男性が購読サービスを利用できるようにした。幌馬車、馬、本に275ポンドの費用がかかり、初年度に1万2000冊以上の本が貸し出された。

アメリカでは、移動図書館の伝統は19世紀末に始まった。メリーランド州ワシントン郡の司書メアリー・L・ティットコムは、郡内の郵便局や小売店に23の小規模図書館を設置した。各「支部」には本50冊があり、他の支部の本の貸し出しと返却を受けつけることもできた。この取り組みの後に移動書籍配達サービスができ、最終的にメリーランド州ヘイガーズタウン公立図書館の本を載せた馬車が、農村部の隅々まで本を届けた。ティットコムはこの状況を次のように語って

ウォリントン巡回図書館のイラスト。1860年版『イラストレイテッド・ロンドン・ニュース』。(Public domain. Accessed via Wikimedia Commons)

いる。

最初の幌馬車は、外側に書架、中央に書庫を設けて完成したが、食料品店の配達用荷馬車と過ぎ去ったニューイングランド時代のブリキ行商人の荷車を足して2で割ったようなものだった[26]。

やがて移動図書館は、全国の大都市図書館制度によく見られるようになった。郊外や農村部が拡大して、図書館の新設費がかかる市では、既存の図書館が取り扱う範囲が拡大した。マイア

マイアミ・デイド郡では1920年代に移動図書館が通りを往復し始めた。地方自治体のサービスが地域の急成長に追いつくまで、この図書館を使って、何十年も郡の広域にサービスが提供された。(マイアミ公立移動図書館、1954年頃、courtesy of the Miami-Dade Public Library System)

ミ・デイド郡では1920年代に移動図書館が街路を往復し始めた。地方自治体のサービスが地域の急成長に追いつくまで、移動図書館を使って郡の広域にサービスが提供された。

移動図書館は自然災害後も重要な役割を果たした。マイアミ・デイド郡の西の境界に近いウェストケンドール地域図書館は、1992年にハリケーン・アンドリューが襲ったとき、開館後わずか数カ月だった。それは郊外の小規模ショッピングセンター内にあり、全壊した。数年間は再建されなかったため、代わりに1992年から1994年まで移動図書館がやってきて地域にサービスを提供し、1994年に再建された図書館が開館した。

移動図書館はその時代の技術や文化的嗜好とともに進化し、現在では、DVDやインターネットワークステーションなどのアイテムも貸し出している。テネシー州メンフィスの移動図書館は、通常の図書館サービスに加えて、移動式の職業安定所にもなっている。同様に、テキサス州エルパソ公立図書館は、成人の3人に1人が読み書きできない国内で最も貧しい郡の一つにインターネット技術を提供している。移動図書館で、利用者は求職活動、履歴書記入、コンピュータ研修会への参加ができ、この戦術を用いれば必要な教育と社会のサービスを誰もが公平に利用できるのだ。

現在、アメリカ全土で運営される移動図書館は900以上に及び、多くの独立系（市立図書館以外）移動図書館が勢いを増し、豊かな文化サービスを提供している。さらに、世界中のまちや市で急増中の小さなリトル・フリー・ライブラリー（Little Free Libraries）は、小規模の仲間同士の個人図書館を提供し、人々は自由に本の貸し借りができる。これらの極小図書館にはウェブサイトまで持つものもあり、1世紀前の「クラフツマン」のカタログ説明書に似た建築計画や、木製パレットを使って家具を組み立てる現代のDIYインターネットガイドを共有している。

移動図書館モデルを使用しているのは市役所だけではない。ブルックリンを拠点とするアートハウス（Art House）というグループは、グローバルな共同アートプロジェクトを展開し、移動図書館で全国を巡回する。「簡単に路上に設置して市民と交流できるから、身近で親しみやすくな

ボストン市は、「出張市役所」を立ち上げた。市の SWAT チームトラックを転用し、まちからまちへと移動して市のサービスを提供している。（Photo courtesy of the City of Boston）

る。それが私たちのあらゆるアートプロジェクトが目指すものだ。アートハウスは『スケッチブック・プロジェクト』のようなプロジェクトを通じてコミュニティを創生することであり、移動図書館はまさにそのものだ。私たちのコレクションを車で物理的に届ける先は、お宅の玄関だ！[27]」

今日、移動式のトレンドが加速するにつれて、市、文化、商業のサービスはさらに多様化している。たとえば、アート販売やファッショントラックが、ニューヨーク、ロサンゼルス、アトランタをはじめとする多くのアメリカの都市の街路を行き来しているのを目にするだろう。ボストン市は、市のSWATチームトラックを転用した

「出張市役所（City Hall to Go）」の立ち上げに成功し、まちからまちへと移動して市のサービスを提供している。『ボストン・グローブ』紙のある記事によると、出張市役所で住民は「駐車違反切符の支払いや異議申し立て、固定資産税の支払い、選挙人登録、出生証明書、結婚証明書、死亡証明書の請求だけでなく、他のさまざまなサービスを利用できる」という[28]。

このようなサービスは、たいてい不便で行きにくい都心まで市民がサービスを受けに行かなくても、市民がすでにいる場所にサービスを届けることによって、地方自治体の限界を押し広げた。サービスを提供するだけでなく、さまざまな活動が一時的に使われていない空間で行われるので、ほとんどの場合、コミュニティの他のニーズを満たしている[29]。ほぼ同じように、ブキニストや1世紀前の元祖キッチンカーの商業活動は、都市に社会文化的な利益をもたらし、意欲的な商人階級にビジネスチャンスをもたらすボトムアップの活動の事例となっている。

ブキニスト

パリに行ったことがあれば、セーヌ川の堤防の上に何百もの緑の木箱が置かれているのを見たことがあるだろう。現代のパリを象徴するイメージを表すようになった情景で、時間帯によっては、雑誌、書籍、新聞、はがきなどさまざまな印刷物が、箱からこぼれ落ちるのを目にしたかもしれない。訪れた人のほとんどが知らないのは、ブキニストと呼ばれるこれらの古本屋が１５００年代から

ブキニストは1500年代からパリのセーヌ川沿いで古本を売り歩いていた。
（1900年頃、Photo by Keystone-France/ Gamma-Keystone via Getty Images）

ベストセラーを売り歩いているということだ。今日のこの古本屋の存在は、500年の歴史があり、現在はパリ市が規制し制度化している。とはいえ、過去には必ずしもそうではなかった。

ブキニストはセーヌ川沿いで手押し車から本を売り始めたが、のちに市内の多くの橋に拡大した。商売が上向きになるにつれて、手押し車から、小さな緑色の屋台になり革のストラップで石の堤防の上に固定した。早くから商売繁盛したため、目をつけられた。早くも1557年には、宗教戦争中に禁じられたプロテスタントの小冊子を売っていたため、市役所がブキニストの多くを泥棒に分類した[30]。

評判がよかったにもかかわらず、ブ

キニストは17世紀中にはポン・ヌフをはじめとする市内の多くの橋を占拠し、近くの商店と対立し、地域から追い払われることも多かった。実店舗のレストランが今日のキッチンカーを非難するのと同様に、書店主は声高に不満を言ったため、1649年に仮設の書店が禁止になった。しかし、こうした起業家たちは決して思いとどまることはなかった。

フランス革命（1789〜1799年）の後、ブキニストは多くのフランス貴族や聖職者の私的な蔵書を略奪して大衆のものとし、かつてないほど人気が高まった[31]。その人気ぶりは再び書店主の怒りを買ったものの、結局、1850年代にはその存在が合法化された。新しい法令では、ブキニストは特定の場所に限定され、書店が閉まっている日曜日や祝日に活動が限定され、一日の終わりに「店」をたたんで箱の状態にしなければならないと定められた。いわば、ブキニストには文字通りポップアップショップの運営が求められたのだ。

19世紀末までに、ブキニストは川岸への屋台の常設が許可され、1930年までに屋台の寸法と発行されるライセンス番号が統一された。無許可の活動から許可された活動へとゆっくりと進化したことから、地方自治体の政策が変わっても、成功したモデルは存続し、繁栄することがわかる。

ブキニストが勝利したのは、その場所と一貫性に起因するのかもしれない。実際に、毎日現れたので、歓迎されていないにしてもまちの社会的、経済的、物理的な構成の一部になった。また、都市の基本的な習慣の一つである商売が、パブリックスペースの活用にどのように役立つかも示している。今日、これらの古本屋は固定資産税の支払いを免除され、パリ市役所からセーヌ川沿いの無料スペースが与えられている。ブキニストが240店以上あり、店を構えるのに8年かかるほどの待機者がいるところを見ると、商売繁盛しているようだ。さらに、1992年に「パリのセーヌ河岸」がユネスコ（国連教育科学文化機関）世界遺産に登録され、小さな緑色の屋台は世界遺産の一部になっている。私たちがこれまでに見出したタクティカル・アーバニズムのなかで最も称賛された事例ではないにしても、最も長い時間がかかった事例の一つである[32]。

キッチンカー

現在、商売方法とパブリックスペースの活用術として最も人気があるのは、キッチンカーの設備だ。1800年代の西部のチャックワゴン［訳注：炊事用の幌馬車］から、何千人ものツイッターフォロワー数を誇る現代のキッチンカーまで、アメリカでの歴史は見逃せない。移動するブキニストの原型と同じように、食べ物の移動販売は、最大のニーズやチャンスがある場所に出店できるという点で断然有利だ。もちろん、屋台は何千年も前からあり、まちの最も基本的なボトムアップの起業家活動であり続けている。実際に、古代ギリシャ、古代ローマ、中国文明までさかのぼって、動物が引く荷車を持っていた商人の記録がある。新大陸では、17世紀後半に食べ物の屋台が現在のニューヨーク市であるニューアムステルダムで規制されていたという記録がある。

一方、現代版キッチンカーは、1860年代にまでさかのぼることができる。当時、チャールズ・グッドナイトというテキサスレンジャー［訳注：テキサスで組織された騎馬警備隊］は、屋根付きワゴンのチャックワゴンを導入し、アメリカ西部の辺境地で働く牛飼いのための基本的な必需品を運んだ。何カ月もの間、調理や貯蔵ができずに人里離れた場所でキャンプをしていた牛飼いたちは、コーヒー、コーンミール、乾燥豆、塩漬け肉など、保存しやすい食料が必要だった。チャックワゴンには、テーブル、食器、香辛料、救急箱、薪を運ぶバッグなどの物資も含まれており、牛飼いたちは調理することができた。チャックワゴンはまた、仕事の後に集まる場所が他になかった遊牧民の牛飼いたちの社交目的も果たした。牛飼いたちが集まってコミュニティを形成する場を提供したのだ。

チャックワゴンは、辺境地での仕事中または移動中に食料を手に入れたい人々の役に立つ迅速な対応だった。都市部でのキッチンカーの台頭は、状況は全く異なるが、同じような対応だった。1870年代に、深夜に食べ物を手に入れる方法は都市部ではほとんどなかった。ロードアイランド州プロビデンスの新聞記者ウォルター・スコットは、食料が調達されていない市場を見て、食堂《ダイナー》を備えつけた貨物ワゴンを開発した。「初の車輪付きレストラン」として知られる馬が引く食堂は、『プロビデンス・ジャーナル』紙の事務所の外に常駐し、夜勤の労働者や近くの紳士クラブの常連客（または夕暮れから夜明けまで外出するすべての人）に調理した食べ物を販売した[33]。

チャックワゴンと同じように、スコットのダイナーも現代のキッチンカーの初期の前身と見な

チャックワゴンの前で食事をするカウボーイたち、1880-1910年頃。（Public domain. Accessed via the Library of Congress）

され、アメリカ初のダイナーであり、全国各地を席巻した平日ランチカーとダイナーのムーブメントを引き起こしたと広く考えられている。１８８８年にさかのぼれば、ミシガン州グリーンフィールドのヘンリー・フォード・ナイト・アウル・ランチ・ワゴン（Henry Ford Night Owl Lunch Wagon）[34]やプロビデンスのヘイブン・ブラザーズ（Haven Brothers）など、他のランチワゴンや深夜のディナーワゴンが登場し始めたのも不思議ではなく、今でもケネディ・プラザで常連客に食事を提供している[35]。

今日、よく見るゴムタイヤで排ガスを噴き出すキッチンカーは、１９００年代初頭に始まり、すぐにほとんどの馬車に取って代わった。1900年から1960年の間に、キッチンカーは、おなじみのアイスクリームトラック「グッド・ユーモア（Good Humor）」やオスカー・メイヤーの「ウィンナーモービル（Wienermobile）」［訳注：ホットドッグ形のバン］から、ニューオーリンズのホットワッフルの屋台などのあまり知られていない例まで、アメリカの都市や郊外に定着した。ブキニストが経験したように、キッチンカーの人気が高まると、競争を恐れるレストラン経営者や規制する方法がわからない地方自治体が不安にならなかったわけではない。

地方自治体は、キッチンカーと移動販売の規制と管理に乗り出した。ロサンゼルスの役人は当初、1890年代に屋台を禁止しようとしたが、かえって人気をあおっただけだった。市はすぐに方針を変えた。屋台はバーの閉店後に深夜のお祭り騒ぎをする人たちのたまり場になったため、合理的な時間に閉店することを義務づけて、完全禁止ではなく規制強化することにした。『ロサンゼルス・タイムズ』紙のある記事は、活気ある通りの屋台料理の情景が部外者の目にどのように映るかを述べた。「ロサンゼルスにやって来るよそ者は、屋外飲食店が実に多いことに気づき、公道に商売の場所を設置する……許可をとる制度に驚く……公道の店は、市民に食事を提供する部屋に高い家賃を支払っている実店舗と競争している[36]」

アメリカ人の料理の好みが拡大するにつれて、キッチンカーで売るメニューも拡大した。ロサンゼルスでは、メキシコ移民が1800年代後半にカリフォルニアに伝統的なメキシコ料理を持ち込み始めた。彼らは資金が乏しかったため、実店舗のレストランより低コストで素早く店が持

現在の「ヘイブン・ブラザーズ」ロードアイランド州プロビデンス。（Mike Lydon）

てる移動式を選択した。

　ロサンゼルスでは歴史的に多くの都市型キッチンカーがメキシコ料理を提供してきたが、ロサンゼルスの繁盛するタコス・トラック・エコシステムの生みの親とされるラウル・マルティネスは、成功への道を切り開いた。1974年、マルティネスはアイスクリーム用トラックをタコス用トラックに改造し、ロサンゼルス東部のバーの外に駐車した。大繁盛したので、わずか6カ月で最初の実店舗「タコ・キング（Taco King）」レストランを建てることができた。1987年までに、1000万ドルの売り上げを誇るミニレストラン帝国を築き上げ、12メートル（40フィート）のタコストラック3台とタコス屋台10台を備えて、ロサンゼルス中の市場に参入した[37]。

タコ・キングの事例は、タクティカル・アーバニズムが都市計画とプレイスメイキングのパラダイムであるのと同様に、経済発展の原動力でもあることを再び示した。キッチンカーは初期投資費用が低いため、起業家は市場で足掛かりを得ることができ、顧客基盤を拡大する一方で、従来のレストラン事業の経営や規制の負担がかからない。この現実は、不況後〔訳注：アメリカのサブプライム住宅ローン危機に端を発した世界的金融不況、２００７～２００９年〕のキッチンカーブームで全容が明らかになった。ブームに火をつけたのは、大勢の解雇されたグルメシェフや失敗したレストランオーナーであり、キッチンカービジネスで技能を活かせる市場を見つけ、ツイッターによってほぼ瞬時にフォロワーを獲得した。新規参入のハードルが低いビジネスで成功し、景気が上向きになったときに、実店舗ビジネスに参入する機会を得た者も多かった。まさにラウル・マルティネスが数十年前に行った手法と同じだ[38]。皮肉なことに、２００７年の大不況で経済力のある者たちは、このトレンドの逆も経験した。実店舗を構えるレストランは、低い売り上げを伸ばし高いインフラ費用をかけずに新規出店する方法として、キッチンカー市場に続々と参入したのだ。

キッチンカーを管理する地方自治体の条例は、実店舗レストランを管理する条例ほど複雑ではないが、キッチンカーは相変わらず規制の負担を感じている。実店舗レストランとの競争をなくそうとする目的、あるいは、現代では公衆衛生の問題として、規制が行われた。これらの規制には必要なものもあるが、急速に消えつつある過去の名残でもある。たとえば、シカゴでは、キッチンカーは、レストランから61メートル（200フィート）以内は駐車禁止、特定の場所で2時間以上は駐車禁止とされている[39]。今日、全国各地にキッチンカー協会があり、販売を制限するように定められた時代遅れの法律を撤廃するために積極的に活動している。この事例が再び強調しているのは、変化するトレンドや文化的な嗜好に行政の規制が必死で追いつこうとするときに、敵対意識が高まることだ。

キッチンカーは長い間、食べ物を探している人にとって安価で簡単な手段だった。たとえば、アイスクリームの移動販売は、運転できない子どもにアイスクリームを届け、深夜の移動販売は、食料を手に入れる方法がなくなる時間に、夜型人間に食べ物を届けた。しかし、これらの基本的なニーズ以外に、社会活動を生み出し、人々を1カ所に引き寄せる力は、停滞している都市空間を活性化するための確実な戦術になる。チャックワゴンの時代から今日まで、人間は他人がいる空間にいたいのだ。パブリックスペースが人々の活動を促進する必要な枠組みがなくて役立たないとき、キッチンカーは、たとえ1日数時間であっても、新たな命を吹き込むために必要な火つけ役になることもある[40]。

フロリダ州シーサイド：タクティカル（ニュー）アーバニズム

市民が最初の都市街路をつくり現存している事例から、ブキニストの勝利まで、今日の問題に対する低コスト、移動式、仮設、無許可の対応は、マクロまたはミクロの規模で広く採用され、大きな影響力を持つ可能性がある。最後の事例が示すように、枠組みと習慣が合わさって、すばらしい場所ができるのだ。

ニューアーバニズムは、フロリダ半島の突き出た部分の小型の松が自生する田舎で最初の実験が行われた。モダニズムの都市計画の理論と実践を批判し、ニューアーバニズムの原則を当てはめ、スプロール化した郊外生活を余儀なくさせる連邦、州、地方のさまざまなトップダウンの規制に代わる、実行可能な代替案を考案した（これについては第3章で詳しく解説する）。コンパクトで歩行者優先のアーバニズムの理論と実践は、ホワイトシティがほぼ1世紀前に都市美論を試したのとほぼ同じ方法で、1980年代初期にシーサイドの海辺のコミュニティで最初の実証実験が行われた。約32万平方メートル（80エーカー）のコミュニティは、ニューアーバニズムの原則を実証する仮設の構造物とプログラム企画によって、次第に形成されていった。実際に、まちの創設者であるロバートとダリル・デイビス夫妻は、現行のやり方を避け、ゆっくりと段階的にシーサイドの開発を進めた。それは、海辺のライフスタイルに合っているだけでなく、遠隔地であっても、デベロッパーがどのようにタクティカル・アーバニズムを使って、長期的な開発の素地にできるかを示す好例になった。ロバート・デイビスは、「シーサイドは、一度に通り1本ずつゆっくり成長するだろう」と語った。

デイビス夫妻には理想的なまちづくりのすばらしいコンセプト計画があったものの、開発のペー

上：ブルックリンのダンボ地区にある閑散とした空き地。（Mike Lydon）
下：2013年以降、同じ空き地はキッチンカーが週5回来て賑わった。（Mike Lydon）

スがゆっくりだったため、コンセプト段階より先へマスタープランを進める前に、実証実験ができることになった。最初に海の家と住宅2軒を建てた。住宅は2軒ともモデルハウスとして使われ、1軒は夫妻の家でもあった。「それは1981年のダリルの助言だった。フロリダ北西部に非の打ち所がないバナキュラーな海辺のコテージを設計しようとせずに、まあまあよさそうなものを1、2軒建てよう。建物1軒で『実践』したように、開発を実践し、時間をかけて改良と改善を進めていけるだろう」。繰り返しになるが、反復的なプロセスを用いることは、タクティカル・アーバニズムの要であり、構築、計測、学習の繰り返しを積み重ねていくのだ。

同じように、デイビス夫妻は、できたばかりのコミュニティ内でのプログラム企画も重視し、人々に興味を持ってコミュニティに来てもらうよう仕向けた。ダリルは、まちの広場にプロジェクターを設置し、即席の夜の映画上映会を開催した。シーサイドの商業の中心地は、キャンバス地のテントを張った屋外のマーケットから始まり、そこで人々は、果物や野菜、手工芸品、フリーマーケットの品物を売った。常設の建物ができるずっと前のことであり、ロンドン、フィラデルフィア、または前述の仮設の集落で商売が始まった市場と同様のやり方だった。

ダリル・デイビスはのちにこう語った。「私たちが企画したサタデーマーケットは店舗やレストランに変わり、イベントは主要な観光名所になった。どれも始まりは、ちょっとした創意工夫、よりよいライフスタイルへの夢、野菜を売る小さな屋台だった。実現させようとして計画したとは言えないし、計画しなかったとも言えない。2人ともシーサイドで活動を生み出すことにとて

シーサイド・サタデー・マーケット、1982年頃。(Image courtesy of the Seaside Archives and the Seaside Research Portal at the University of Notre Dame, seaside.library.nd.edu)

も興味があり、コミュニティづくりの最初の試みから、私たちの事業はゆっくりと始まり発展した[41]」

シーサイドはニューアーバニズムの典型例だが、その黎明期にはタクティカル・アーバニズムが用いられた。ニューアーバニズムは、経済、環境、住民の健全化を図るものとして、政策と物理的形態の交わる部分に重点的に取り組む。これに対して、タクティカル・アーバニズムは、活動内容を計画し習慣化して、新規および既存の物理的空間を使用し適用する[42]。意外なことに、単に美しいパブリックスペースを定義して設計するだけでは不十分なのだ。さらに活動を習慣化し利用を促進しなければならない。パブリックスペースで行うプログラムを企画し、活動を行わなければ、つまり「日常生活の習慣」にしなければ、都市生活はあり得ない。

屋台食堂は、オレゴン州ポートランドの中心街にある平面駐車場を覆った。(Brett Miligan, Free Association Design)

03

次世代のアメリカの都市とタクティカル・アーバニズムの台頭

私たちはまだ気づいていないが、社会は大きな転換期の入口にいる。古代ギリシャのアテナイ人は指導者を選ぶのに、世襲制から選挙制に切り替えた。そのときと同じくらい劇的な転換だ。私たちが暮らしたいと思う社会を再び思い描き、実現する絶好の機会である。

――ニコ・メレ

『ビッグの終焉――ラディカル・コネクティビティがもたらす未来社会』

北米においてタクティカル・アーバニズムが最近増えているのは、都心回帰、大不況、インターネットの急速な普及、行政と市民の断絶の拡大という4つの主要な傾向やできごとが原因となっている。考え合わせると、都市は仕事の仕方を改革するだけでなく、実施前提の仕事内容を変える必要性があることがわかる。こうした必要性にいち早く対応し始めた諸都市は、次世代のアメリカの都市の進化を定義し始めた。

都心回帰

都市はかつてないほど人類の文明の中心になり、都市への集中が進んでいる。百年前には、世界中において都市部の住人は10人中２人だった。２０１０年までに半数以上になり、２０５０年までに10人中７人に増加すると予測されている[1]。これらの数字には驚かされるが、都心回帰は世界人口の急増に付随して起きているため、すべてを物語っているわけではない。世界的な都市化は規模も大きくスピードも速いので、特にリソースが絶えずひっ迫している状況では、迅速かつ低コストでインパクトの強い方法で都市を整備することが急務である。

アメリカ人の５人中４人以上が大都市圏の住民であり、大都市圏には、郊外、準郊外、中心街が広く含まれる。中核都市は、周囲を郊外に囲まれ、独自の商業の中心地とさまざまな旧市街があるところもある。毎年、人口密度が高く歩行者に優しく交通の便がよい中核都市に、意図的に近づけようとしている都市もある。その反面、このような都市の特色づくりにほとんどまたは全く関心がないところもあり、そうした都市は都市環境が評価されなかった時代のまま旧態依然としていると考えられるだろう。

今日、歩行者、自転車に優しく、公共交通が整備されたコミュニティが引きつけているのは、２つの主な人口統計の年齢層だ。一つは、ミレニアル世代（だいたい18～35歳の間）でジェネレー

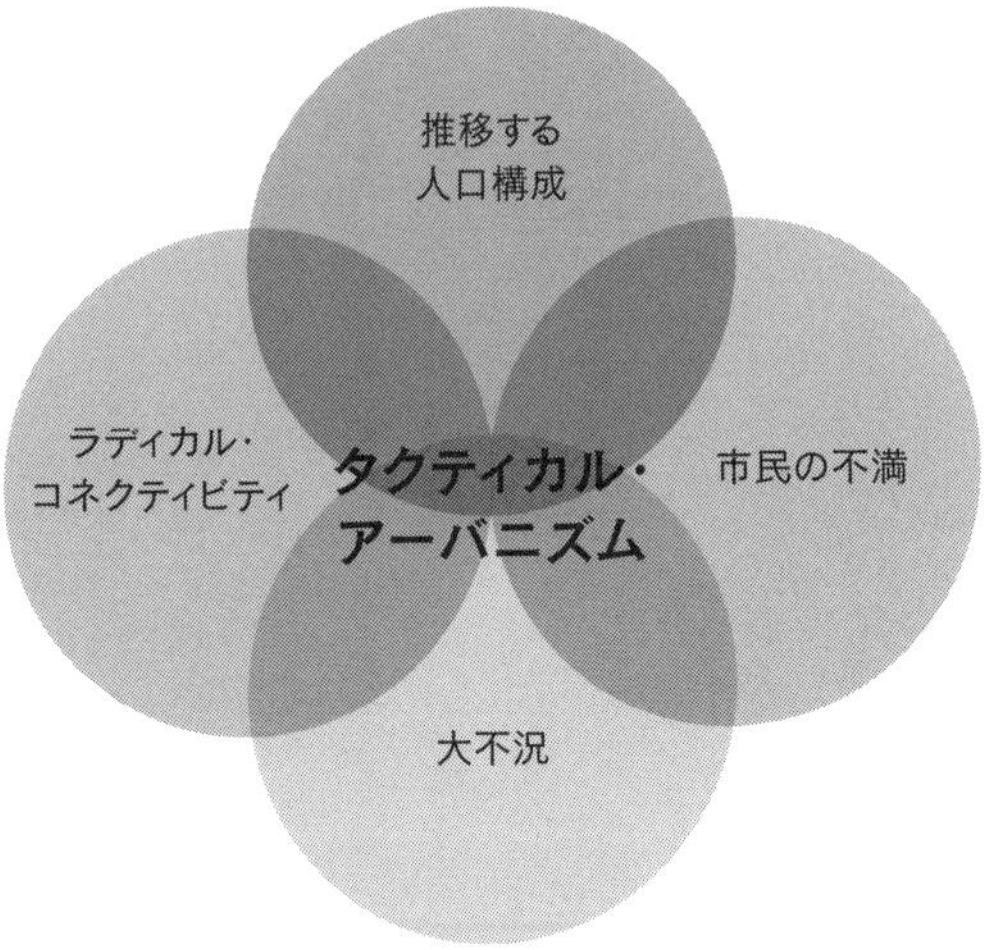

4つの傾向とできごとによって、タクティカル・アーバニズムの介入を活用する機会が増えた。
（The Street Plans Collaborative を元に作図）

ションYと呼ばれることもある。もう一つは、数はそれより少ないが、第二次世界大戦後の時代に生まれた世代で通称ベビーブーマーだ。どちらも、さまざまな手段で利用できる商業、文化、レクリエーションの施設がそろった場所に集まっている。

これは大問題である。アメリカ史上最大の世代である８０００万人のミレニアル世代が、前の世代とは異なる生活環境を望み、都市の空間設計に大きな影響を与えている。ミレニアル世代は、前の世代より結婚して家庭を持つ年齢が高く、フリーランスの仕事をしている人が多く、起業する人の割合が高く、車のない、または「車の少ない《カーライト》」のライフスタイルが可能な都市環境に

ブルックリン・ラブ（Mike Lydon）
「愛を広めよう。それがブルックリン流だ」と書かれている。

惹かれることが多い。『The Atlantic（ジ・アトランティック）』誌の2012年の記事では、これらの傾向をさらに調査し、「第二次世界大戦以降、新車と郊外の一戸建てが経済を動かし、復興を促進した。ミレニアル世代はどちらにも興味を失ってしまったのかもしれない」と述べている[2]。

これらのヤングアダルトは、交通手段の選択が豊富で、前の世代よりも運転免許証の取得率が30%近く低い都市に移転している。この傾向は、自動車所有に関するデータに反映され、1980年以降、18～32歳の世代で3分の1に減少した。

このような傾向が、運転の習慣に与える影響は絶大だ。ミシガン大学で進行中の「アメリカの車社会はピークに達したのか?」と題された研究によれば、運転にあまり興味がないのはミレニアル世代だけではないことが明らかになった。研究によると、1人当たりの運転時間は、実際には大不況の何年も前の2004年にピークに達した。この研究や他の同じような研究は、結論づけるには時期尚早だが、走行距離、自動車購入高、ガソリン消費量の減少傾向が続きそうだと主張している[3]。

初期の証拠によると、圧倒的多数のこうしたヤングアダルトは、住宅は安くても交通費がかかる地域より、歩行者中心の都会にとどまるか、少なくとも歩いて生活しやすい昔からある郊外に引っ越したいと思うはずだ(現在、一般的な郊外に住む家庭の家計の4分の1は交通費に費やされる)[4]。

このような変化はさまざまな点でおもしろいが、今ある都市とこうあってほしい都市の姿にずれがあることが明らかになってきている。実際に、多くのアメリカの都市は、別の時代の人口統計、経済、社会文化の傾向に対応してつくられた、哲学的アプローチ、規制構造、市民参加プロセス、インフラ計画のもとで機能している。

もっと具体的に言えば、市のゾーニング条例と土地利用条例は、依然として低人口密度の成長パターンに偏っており、交通手段は車しかない。数十もの書籍、研究、計画は、ルーズベルト大統領時代にまでさかのぼるさまざまな連邦高速道路運輸法のもとで費やされた数十億ドルが、郊外のスプロール現象を生み出す主な要因だったと常に指摘している。それは本当かもしれないが、健全で機能的な都市部を通る州間高速道路を建設するためのトップダウンで市民不在のアプローチは、どんなスプロール化補助金よりはるかにアメリカの都市に損害を与えた。

もちろん、長年にわたって有用な改善や方策が考えられてきた。地域レベルでは、オーバーレイ・ゾーニング［訳注：既存のゾーニング地区に上乗せして指定するゾーニング地区。基礎となるゾーニング地区の基準に追加したり、より厳しい基準を適用したりする］、パフォーマンス・ゾーニング［訳注：プロジェクトが対象地区の物理的、社会的、経済的、環境的状況に与える影響の程度により土地利用や密度を柔軟に決定する］、計画単位開発［訳注：アメリカで広く用いられている土地開発手法の一つ。柔軟性に欠ける従来の土地利用制度の欠点を補い、自由度の高い都市計画を目指す］、形態規制条例、国レベルでは、画期的な総合陸上輸送効率化法［訳注：ＩＴＳ実現に向けての明確な方向性を示したアメリカの法律であり、１９９１年12月に成立した。１９９２年から１９９７年の6カ年計画で、環境面に配慮しながら、エネルギー効率が高く、経済的かつ効率的な全国総合輸送システムを開発することを目的として実施された］とHOPE VI［訳注：アメリカ住宅都市開発省のプログラム］などがある。これらは現状の改善を求めているものの、壊れて破綻しそうな制度に接ぎ木しているだけのものがあまりにも多い。現行の制度は、今日の課題や機会に合っておらず、将来直面するかもしれない課題や機会など当然考慮されていない。現在行われているプロジェクトデリバリー方式を更新することが急務だが、いったい誰がこの課題に取り組んでいるのだろうか。

この路線を貫く都市は、地域、国内、国際的な競争力が低下するかもしれない。そして、アメ

ミレニアル世代で車を持たない、ニューヨーク州イサカ市のスバント・マイリック市長（ネクタイ着用）は徒歩通勤するため、イサカ市役所の主要な駐車スペースを公園に変え、看板を書き換え「市長、そして仲間たち専用」とした。(Svante Myrick/ Facebook)

リカ人の80％が都市化された地域に住んでいる今、顕在化していないようだが、課題を克服するには、アメリカの都市を建設し規制するための別のアプローチが必要だろう[5]。

多くの人にとって、１９８０年代のニューアーバニズムの到来は、進歩的な計画の指標だった。ニューアーバニズムを創始したのは、小さな建築家集団だった。コンパクトで歩行者中心の都市計画の伝統的なパターンは、郊外のスプロール現象がアメリカの都市に与えた悪影響を解決すると考えた。１９９６年になる頃には、建物の規模から地域の規模まで、27の基本原則を定め、郊外化がもたらした結果をたどらないように、明確な代替案である歩行者中心の都市性を打ち出した。そのビジョンは実に説得力があったので、１９９６年に『ニューヨーク・タイムズ』紙の建築評論家ハーバート・マシャンプはニューアーバニズムを「冷戦後のアメリカ建築に現れた最も重要な現象」と呼んだ[6]。

ニューアーバニズムは、歴史を顧みないモダニズムの特性を否定し、「都市は車や飛行機から見て体験するものであり、建物は文化的および物理的な環境と調和する必要がない別個の物体だ」というモダニズムの視点を一蹴した。ニューアーバニズムが早期に評価されたのは、学会や専門家の議論が、人間の住まいとして唯一モデルになるのが大規模郊外化だという考えから脱却しつつあるときだった。

25年以上経って、学者、不動産デベロッパー、作家であるクリストファー・ラインバーガーの影響力のある著書『The Option of Urbanism（アーバニズムという選択肢）』は、都市化した生活を求める現在の需要と高まっていく需要がテーマであり、ニューアーバニズムとスマート・グロース〔訳注：環境保全と社会経済活動が調和した成長政策〕の社会活動に歩調を合わせるものだ。ラインバーガーをはじめとするその他多くの人々の主張によれば、郊外のスプロール化は他のどの開発パターンより、国民の税金から多額の補助金を受けていて、外観は安っぽいのに、個人世帯から連邦政府の規模まで、国民に負担をかけ続ける経済モデルであるという。これらの問題を提起しているのは、アーバニストであり改革派の扇動者であるチャールズ・マローンであり、郊外の開発プロセスをポンジー・スキーム〔訳注：「ネズミ講」式の詐欺の一種〕と形容し、郊外化がどんどん進んでいかなければ維持できない実験だとした。

多くの都市高速道路は、建設時に機能的だった近隣住区を貫通した。写真はカリフォルニア州ロサンゼルス郡のアロヨ・セコ・パークウェイとハイウェイ 101 号線のインターチェンジ（Public domain. Accessed via Wikimedia Commons）

ニューアーバニストとスマート・グロースのムーブメントや多くの同類のものによって大きな進歩を遂げたにもかかわらず、２００７年の大不況で終わった近年の全国的な不動産ブームは、昔ながらの低人口密度の同じ開発パターンが見られた。このような状況では、本書全体で紹介する移動式や仮設のサービスおよび設備によって、タクティカル・アーバニズムが果たす役割はますます大きくなっていくだろう。

今日、私たちは郊外モデルが残した負の遺産に直面しているが、都市と郊外をより住みやすく持続可能なものにするために有効な方法がある。たとえば、スマート・グロース、国際環境性能認証制度の近隣開発部門（LEED-ND）、ニューアーバニズム、環境への影響が少ない開発、スマートコード［訳注：一般的な中規模のアメリカの都市を歩いて生活しやすい地域にするように設計された測定基準を含むモデル条例］、スプロールリペア［訳注：車中心の地域から、必要な施設がそろった多目的で車に依存しない地域に変換する方法］などだ。

もちろん、郊外が皆等しくつくられているわけではないため、これらの方法は決して全面的に使えるわけではない。明らかな傾向として、1980年代と1990年代に郊外で育った子どもたちがUターンにあまり興味がないという理由だけで、将来の郊外と現在の郊外は違ったものになるだろう。

郊外と都市部の人口統計が変化しつつあることも興味深いが、この変化を必要以上に難しくする膨大な政策があるにもかかわらず、変化が起きていることのほうが注目に値する。時代遅れの行政の政策とインフラや都市の設備に対する需要とのずれが拡大しているのは、タクティカル・アーバニズムを始める大きな原動力になる。次の項で考察するように、大不況時はほぼ誰もが少ないリソースで多くのことをしなければならなかったため、最高のタイミングだった。

大不況とニューエコノミー

新世紀は、アメリカの富裕層にかつてない水準の富と繁栄をもたらした。残りの人々にとって、それは幻想にすぎなかった。2007年に不動産バブルが大崩壊し、それに続いて大不況が起こり、平均的なアメリカ人家族の資産は1989年以降見られなかった水準に減少した[7]。成長は果てしなく続き、新しい公共施設やインフラを賄う税基盤は増え続けるという考えは、隅に追いやられた。また、歩行者中心で人口密度の高い場所は、自動車中心で人口密度の低い場所より好まれることも明らかになった。

トニー・シュウォーツ［訳注：『ニューヨーク・タイムズ』紙記者、『ニューズウィーク』誌のアソシエイト・エディターなどを経て、現在、LGEパフォーマンス・システムズの共同経営者］の言葉を借りれば、「産業革命以降の市場経済の『より多く、より大きく、より速く』という精神は、資源は無尽蔵だというでまかせの誤った仮定に基づいている」という[8]。大不況の前後の州政府と地方政府の予算と事業を比較するだけで、現行のパラダイムがどれほど見当違いであるかがわかるはずだ。21世紀の最初の十年間で、地方自治体の支出は2007年に不況が始まるまで、年間1億ドル増加していた。この支出の急増は、郊外のスプロール化によって必要な自治体サービスが急拡大したことに少なからず起因していた。テネシー州メンフィス市のイノベーション・デリバリー・チームのプロジェクトマネージャーであるトミー・パセロによると、1970年から2010年の間に、市の面積は55％増加したが、人口はわずか4％の増加にとどまった。私たちは経済学者ではないが、このようなやり方は、どの大都市圏にとっても経済的に持続可能なアプローチではない。

大不況の間に、歩行者中心の地域の住宅価格は、車中心の地域よりも上がり、2012年には郊外地域より急上昇した[9]。２０１３年の著書『The End of the Suburbs（郊外の終焉）』で、リー・ギャラガー〔訳注：『フォーチュン』誌アシスタント・マネジング・エディター〕は、運転以外に移動手段がある場所で不動産評価額が急上昇していると述べた。ギャラガーは、シアトルから、コロンバス、デンバー、ニューヨークまで、好まれる住宅がコンパクトで歩いて生活しやすい地区に移行し続けるにつれて、中核都市の近隣で不動産評価が急騰したと説明している。シアトルのキャピトルヒルやコロンバスのショートノース地区など、数十年もの間、新しい周辺開発地域より低価格で販売されていた場所は、今や郊外開発地域よりも高く、その傾向は加速しているようだ[10]。実際に、２０１０年から２０１１年までの12カ月間に、北米のほとんどの都市での中心部の住宅増加は、１９２０年代以降初めて郊外の住宅増加を上回った[11]。トール・ブラザーズ（Toll Brothers）など元大規模郊外建設業者は、都市開発の事務所を開き、一部の市場で業績が好調なため、賢明なデベロッパーは注目している。では、なぜ、このような突然の逆転が起きたのだろうか?

その答えは一つには、郊外地域の安い土地に建てられた安い家を求めるという経済的合理性が低下したことにある。「都心から車でどんどん遠ざかれば、やがて買える家が見つかる（drive until you qualify）」という考え方は、多くのアメリカ人にとってある程度うまくいったが、交通費が住宅費と同等またはそれ以上になっているため、もはや意味をなさない。この点を証明しているのが、近隣技術センター（Center for Neighborhood Technology）と住宅政策センター（Center for Housing Policy）が発行した２０１２年の共同報告書で、２０００年代に住宅費と交通費は所得よ

大不況の間に、郊外は都市部より大きな打撃を受けた。(Copyright Alex S. MacLean / Landslides Aerial Photography)

り早く1・75%上昇し、すでにぎりぎりの予算がさらにひっ迫した。この調査結果は、アメリカの25大都市圏のそれぞれに当てはまるが、一部の地域では他の地域より格差が広がった。

ブルッキングス研究所フェローであり、『Confronting Suburban Poverty in America(アメリカにおける郊外の貧困に立ち向かう)』の共著者でもあるアラン・ベルーブとエリザベス・ニーボーンは、長い間、農村部や都市部に多かったアメリカの貧困が郊外に移っていることを発見した[12]。2000年から2011年の間に集計された国勢調査データによると、都市部では貧困ライン以下で暮らす人の数は29%増加し、郊外では64%増加した。そして現在、アメリカの中核都市

（1340万人）より郊外（1640万人）に多く貧困層が暮らしている[13]。アラン・エーレンハルトは『The Great Inversion（大逆転）』のなかで、郊外から都市へ資産が逆転したのは、郊外に低所得者が集中しているヨーロッパの都市の空間分布を反映し始めているからだと説明している。

これは、多くのアメリカの都市で税収入が増える望ましい経済的逆転だが、大都市圏全体にとってはさまざまな新たな課題の前触れでもある。資産の少ない人々が中心部以外の住宅に移転すると、雇用機会、社会サービス、安い交通手段が利用しにくくなり、貧富の格差がさらに拡大しかねない。家計の予算の半分が住宅と交通費に費やされている今、スプロール化による隠れたコストが明らかになりつつある。ニューヨークやサンフランシスコなど魅力ある大都市圏で手頃な価格の住宅が不足している危機的状況に対処するには、住宅に対する地域のアプローチが必要だが、達成するのはかなり難しそうだ。

都市部で価値が安定または上昇した理由にかかわらず、住宅と交通手段を合わせると、2010年になる頃には世帯収入の中央値の平均48％を占めるようになった[14]。だから、ミレニアル世代やその他の年齢層は、通勤時間40分をやめて、自転車やバスに乗るなど、低コストの交通手段を選択するだけでなく、徒歩圏内により多くの設備がある土地利用パターンを選択したのだ。この考え方は、近隣技術センターが「総合購買力」と呼ぶものであり、住宅価格が高くなるにもかかわらず、たいてい都市部が好まれる。歩いて生活しやすい近隣に引っ越せば世帯が総合購買力を達成できるのなら、都市に対する答えは何だろうか？

大不況が始まると、地方自治体の予算は伸び悩み（または減少）、サービス、資源、インフラ、交通の需要は高まった。その結果、地方自治体は従来の予算編成を再考しなければならず、多くの場合、採用停止と賃金凍結、給与削減、レイオフ、一時帰休、早期退職者奨励金、早期退職割増金など、さまざまなコスト削減策を実施する必要に迫られた。この切り詰め策で職員に負担がかかり、プロジェクトの遅延や中止、市のサービスやインフラ整備の削減につながった[15]。それでも、税収が伸びていかないからといって、よりよい結果を低コストで出さなければならないという市役所にかかるプレッシャーが減るわけではない。むしろ、プレッシャーは増すばかりだ。経済不況の時代に、社会的セーフティネットサービスを提供しなければならず、州政府や地方自治体への依存度は高まっている[16]。

これらの要因が重なって、タクティカル・アーバニズムが始まる機が熟した。少なくとも近隣規模のプロジェクトに適用され、市民は問題を自分でなんとかし、行政はコストが低くスピードも速いプロジェクトデリバリー方式での活動の調整を余儀なくされた。研究者のカレン・ソレソンとジェームズ・H・スバラは、「地方自治体は、行政サービスのあり方を再考せざるを得なくなってきた」と述べている[17]。

幸いにも次に解説するように、大不況と時を同じくして、市民専用に考案された既存のウェブおよびモバイルをベースにしたアプリが増え続けている。

都市をハッキングする

カルチャーハック。ライフハック。イケアハック。ご存じのように、「ハック」という言葉は、現代生活の弱点を見つけて対処する、ほぼすべての創造性の追求に適用されている。といっても、この語の由来は、1960年代後半から1970年代の大学のコンピュータ文化である。このムーブメントを早くから観察（および参加）していた、ロバート・ストールマンは、コンピュータハッカーは「通常、管理者が押しつけたがる愚かなルールをほとんど守らず、逃げ道を探した」という[18]。今日、ハッキングは最終目標ではなく、何かを達成する手段だ。たいていオープンソースによって分散型になった構造または手法を用いて、慣例を回避し、最終結果に到達するための手段を見つけることだ。タクティカル・アーバニズムのDIY精神を説明するのに、これ以上ぴったりな表現は見つからないだろう。タクティカル・アーバニズムは、「公民一体」で都市をハッキングする方法である。

第2章で述べたように、都市計画に関連するハッキングのアイデアは数十年間も煮詰められているが、1970年代にサンフランシスコで活躍したボニー・オラ・シャークのような先駆者の作品に見出すことができる。私たちが知るかぎり、ハッキングとタクティカル・アーバニズムという用語が初めて結びつけられたのは、ランドスケープアーキテクトのブライアン・デイビスがブログ「faslanyc」に投稿した記事であり、彼はニューヨーク市のプロジェクト「グリーンライト・

フォー・ブロードウェイ」について述べた。デイビスはブロードウェイで行われていた早変わりを「低コストのハック、絶大な効果をもたらす戦術的介入」と呼んだ[19]。この記述で明らかになったのは、タクティカル・アーバニズムは、ハッキングカルチャーと現代生活におけるデジタル技術浸透の拡大から着想の大部分を得た、という考えだ。

著書『ビッグの終焉──ラディカル・コネクティビティがもたらす未来社会』のなかで、ニコ・メレは、デジタルツールが最大級の文化機関のいくつかに与えているプラスの影響とマイナスの影響について説明している。彼は、携帯用デジタル技術とインターネットへのアクセスの普及を「ラディカル・コネクティビティ」と呼んでいる。メレによると、大きな政府、大きな教育、大きなジャーナリズムは、一般市民が情報ネットワークにアクセスできるようになったため、すべて混乱し、永遠に変わってしまったという。そして、さまざまなソフトウェア、ハードウェア、ウェブアプリのおかげで、人々はもはやかつて権威のあった機関に頼る必要がなくなった。「ラディカル・コネクティビティとは、機関から個人へ力が移行することだ。70年代初頭に『コンピュータとは何か』とたずねたら、人々が頭に浮かべるのは大きな部屋やオフィスを埋め尽くすような装置だった。今日、1億3000万人のアメリカ人は、1974年のコンピュータと同等以上の計算能力があるスマートフォンを持ち歩いている」とメレは語る[20]。『ビッグの終焉』は、都市計画の分野で起きている変化に大きな関係がある。つまり、『大逆転』などの人口統計の変化は、ラディカル・コネクティビティと結びつき、大きな政府の中心的な機能の一つである大規模計画《ビッグ・プランニング》の有効性と役割を変えようとしている。

大きな政府に起きているのと同じ変化が、仕事場でもゆっくりと起きている。雇用非営利団体カタリスト（Catalyst）の２０１２年の調査では、従業員の80％が、在宅勤務や週当たりの労働時間の削減など、会社がフレキシブルな勤務形態をとっていると回答した[21]。ミレニアル世代のほぼ37％は、固定勤務時間よりフレキシブルな勤務形態を好む。ベビーブーマー世代の退職が進むにつれて労働の不均衡が迫っていることを考えると、ミレニアル世代（現在の労働力の30％、２０５０年には60％）がどのようにトレンドを生み出すかを予測するのは難しくない[22]。

従来のオフィスビルに価値はあるが、技術の発達によって仕事は場所を選ばなくなり、まち全体がオフィススペースとして使えるようになった。企業のオフィスパークと従来の9時から5時までの勤務形態からの脱却により、フレキシブルな勤務形態にとって都市は最高のインフラを備えた場所であるため（インターネットや施設が利用しやすい）、都市生活の需要が高まっている。

多くの点で、これはリチャード・フロリダの「ストリートレベルの文化」の延長線上にあり、「カフェ、路上ミュージシャン、小さなギャラリー、ビストロが入り混じり、参加者と観察者、クリエイティビティとそのクリエイターを区別するのは難しい[23]」。都市化と職場の分散化は、人々をストリートレベルの文化の領域に戻し、その際に都市生活への関心を刺激し続けるフィードバックの仕組みを生み出した。

インターネット、パソコン、モバイル機器が出現し、過去30年間に計算能力が飛躍的に高まったので、情報交換、仕事、社会的関係、政府に対する私たちの期待が高まっている。アメリカ人の全世代は、生活においてコンピュータが圧倒的な存在感を持つなかで成長した。これらのいわゆるデジタルネイティブ（１９８０年以降に生まれた人々）は、２０１１年の国勢調査データによると、現在、アメリカの総人口の47％を占めており、その割合はときが経つにつれて大きくなるだろう。

大不況によって２００７年以前にすでに順調に進んでいた傾向が、単に早まっただけだと主張する人も多い。レイ・カーツウェルやエベレット・ロジャーズなどの思想家は、アイデアと技術の両方が発展した経緯とそれらが経済に与える影響について、何年も前から予測してきた。カーツウェルは最前線に立って、技術の価格低下が続くと、文明のあらゆる側面にどのように深刻な影響を与えるかを予測してきた。低価格の傾向は、経済に現れつつある。たとえば、システムとプロジェクトデリバリー方式の効率が高まり、コスト低下によって「多くの商品やサービスがほぼ無料で供給過多になり、もはや市場原理の影響を受けなくなってきている[24]」。

かつてないほど情報が手に入り素早く連絡がとれるようになったため、変化はすぐに起きるだろうという期待感が生まれた。多くのデジタルネイティブとデジタル移民［訳注：デジタル技術が広く採用される前に生まれた人々］は、さまざまなソフトウェアプログラム、アプリ、それらを動作するデバイスの定期的でほぼ季節ごとのソフトウェア更新を期待する。もうWindows 3.0を覚えている人など誰もいないだろう。これらの製品の消費者として私たちが期待するのは、新製品が出るたびに、改良され、新しい機能が追加され、以前の不具合が解消されることだ。

技術が旧式になることにともなう過剰な消費主義には、明らかにマイナス面があるが、私たちの文化は、反復的ながらかなり急速に変化に慣れつつある。これはムーアの法則〔訳注：「半導体の集積密度は18カ月から24カ月で倍増する」という経験則〕という文化遺産であり、技術革新の指数関数的な性質だ。タクティカル・アーバニズムは、都市においてこの考えを文化的に表したものの一つにすぎない。これもまた反復的である。

過去50年間の技術革新と発展が目安になるとすれば、次の50年は都市での暮らし方や働き方についても同じように変革があるだろう。コンピュータプログラマーのエリック・レイモンドの言葉を借りれば、以下のとおりだ。


ハッカー文化とその成功は、例を示していくつか基本的な問題を提起している。人間のモチベーション、仕事の組織化、専門性の未来、会社の形態に関する問題であり、これらすべてのことが、21世紀とそれ以降の情報が豊富な脱希少性経済〔訳注：ほとんどの商品は最小限の人的労働で豊富に生産できるため、誰もが非常に安くあるいは無料で利用できるようになるという理論上の経済状況〕において、どのように変化し進化するかに関する問題だ。……したがって、ハッカーの文化に関する知識は、将来生活し働かなければならない誰にとっても興味深いものになるはずだ[25]。

世界中のアーバニストが言いたいのは、都市は最も複雑で基本的な人間の技術の一つであるから、ラディカル・コネクティビティはコンパクトな都市計画の物理的な枠組みのなかで実際に成長するということだ。デジタル経済と伝統的な都市の組み合わせは、World Wide Webのせいで都市文化が終焉すると予想した人にとっては意外かもしれないが、建築評論家のポール・ゴールドバーガーのような啓発者には意外ではないだろう。2001年にカリフォルニア大学バークレー校で行われた先見の明のあるスピーチで、ゴールドバーガーは「都市、場、サイバースペース」について次のように述べた。

歴史的な都市は、現在の生活様式、建設方法、考え方とは正反対に思えるかもしれないが、比喩的な意味では、まさに現時点のものだ。というのは、私が思うに、都市はインターネットの対極にあるのではなく、まさに同じようなものだからだ。ある意味、都市はオリジナルのインターネットであり、オリジナルのハイパーリンクである。というのは、都市は直線的な秩序ではなく、ランダムなつながりがこれから起きることを決める場所だからだ。都市は、現実空間に存在するにもかかわらず、直線的ではない。ランダムなつながりがあるから、都市が機能するのであり、驚きと無限の選択の感覚があるから、都市に力を与えるのだ。おそらくそれが、古都が時代遅れではない最も重要な理由だろう。なぜなら、その非常に物理的な形態そのものが現実空間における一連のハイパーリンクだからだ。逆説的に言えば、直線的なのはテーマパークであり、新たな都市のあり方を示すのは古都である。

日常生活のハードウェアとウェブの仮想ネットワークを収束したものは、「モノのインターネット（ＩｏＴ）」とよく呼ばれる現象に現れている。簡単に言えば、ＩｏＴは、人間が入力せずにモノとモノが情報交換するときに発生するネットワークである。この技術は、シェアリングエコノミー［訳注：個人が保有するモノ、場所、スキルを、インターネットを介して貸し出す仕組み］の利用が増すことによって都市生活を向上させるのに役立ってきた。『ニューヨーク・タイムズ』紙の記事は、この傾向について「資本主義的ではなく協力的なこのアプローチは、私有ではなく共有のアクセスである」と述べている[26]。

たとえば、世界中で１７０万人が会員になっているカーシェアリングは成長産業だが、ネットワーク内の会員に各車の利用状況を伝えられなければ、あり得ないビジネスだった。アーバニズムへの影響は明らかだ。最近の調査によると、カーシェアリング会員が所有する車の台数は、会員になった後に半減し、会員は所有にかかる負担よりも利用しやすさ《アクセス》を好むことがわかった。交通手段や自転車のインフラを新たに整備できなければ、既存のシステムから新しい効率を引き出すだけでも、市道を走る車の台数を大幅に削減できる。

何百万人もの人々がソーシャルメディアサイト、再配布ネットワーク、レンタル、協同組合を利用して、車だけでなく、住宅、衣服、道具、おもちゃ、その他のアイテムを低コストまたは無料で共有している。ワイヤレスインターネットインフラが利用できるようになると、情報、分散した市民、行政の間の点と点をつなぐ社会的な技術基盤のアプローチを確立するのにも役立った。ワシントンＤＣの公共技術研究所（Public Technology Institute）が実施した２００９年の調査によると、地方自治体の回答者の75％が、「ＲＳＳフィードで、行政のウェブサイトからニュースや最新情報を市民に提供する。ツイッターで、緊急事態、安全情報、その他の警報を一般市民やメディアに提供する。フェイスブックで、地域のイベントやその他のさまざまなメッセージを市民に伝える」という。さらに、地方自治体の回答者のほぼ60％が、「ユーチューブ（またはこれと同様のサービス）を、イベントやプログラムのプロモーション目的や、公共放送テレビチャンネルを超えた幅広い視聴者を獲得する目的に利用している」という[27]。

これらすべてを大局的に考えてみると、私たちが都市計画と建築の仕事を始めて十年未満だが、今日当たり前だと思っているインターネットベースのコミュニケーションツールやサービスの数々は、当時はまだ存在しなかった。したがって、それらが生活の実に多くの側面に浸透したスピードは無視できず、他の何よりもタクティカル・アーバニズムの発展に貢献している。

新技術のおかげで、政府はより迅速かつ効率的に対応できるようになったとはいえ、都市計画と行政で基本的な技術の導入は遅々として進まない。特に、デジタル的にも物理的にも課題に対応したいハイテクに精通したデジタルネイティブから見ると、じれったい[28]。

まだ機能的なオンラインプロセスがない都市が多く、増え続ける有権者からすれば全くないに等しい。もちろん、インターネットに定期的にアクセスしない、または利用していない人もいる。このいわゆる情報格差《デジタルデバイド》は、インターネット利用頻度が低い人々が基本的な商品やサービスが得られないという公平性の懸念と問題を提起している。

ハッカー文化は、私たちの環境を独創的に再形成し、既存のシステムを簡略化することであり、究極的には既存のプロセスと目標達成方法を混乱させることだ。このハッカー文化の哲学を広範に取り入れて、特にタクティカル・アーバニズムを利用したせいで、最大の被害が出るのなら、それが大規模計画《ビッグ・プランニング》の厄介な側面であったらよいと思う。実際に、大勢の人がより大きな政府やより小さな政府を求めている一方、ミレニアル世代のほとんどが、中立を保ち、単によりよい政府を望んでいるようだ[29]。

「シビックテック」と呼ばれるものを支持する人々は、最新のデジタル技術を駆使してこれらの課題に対処するために、行政の内外に働きかけようとしている。ナイト財団（Knight Foundation）のジョン・ソツキーは、「消費者として技術を使う人が増えれば増えるほど、市民としての経験が技術によって形成されることに期待する」と述べている[30]。そして、ラディカル・コネクティビティが台頭したおかげで、市民のニーズと技術的な可能性が、ようやく一つにまとまりつつある。

M政府またはモバイル政府と呼ばれるようになったものは、「SeeClickFix」「Daily Pothole」「Shareabouts」などのウェブサイトやアプリで見ることができ、「TurboVote」（Turbo Taxの投票版）を使えば投票登録が簡単にできる。市民主導の地域密着型「クラウドリソーシング」プラットフォーム「ioby」〔訳注：in our backyardsの頭字語〕は、タクティカル・アーバニズム実践者のお気に入りのツールだ。というのは、これを使えば「地域貢献するために、地域内で、現金、社会資本、現物の寄付、ボランティアの時間、社会活動など、あらゆる種類の資本をまとめる力を誰でも持てるからだ[31]」。

ラディカル・コネクティビティは、かつて予測した人がいたように、人々を引き離すのではなく、少なくとも物理的に近づける。実際に、携帯電話は、バラク・オバマの大統領選挙から、「ウォール街を占拠せよ」運動〔訳注：2011年9月17日からウォール街において発生した、アメリカ経済界、政界に対する一連の抗議運動を主催する団体名、またはその合い言葉〕、アラブの春〔訳注：2010年から2011年にかけて中東や北アフリカ諸国で発生した民主化運動の総称〕まで、世界中で起きている革命、抗議、政治的変化において中心的な役割を果たした。ツイッター、フェイスブック、テキストメッセージは、エジプトとリビアで起きた最近の革命時に拡散された写真や動画を共有するのに役立ち、抗議の場所と時間を人々に知らせた。モバイルアプリがコミュニケーションに使われただけでなく、低コストのワイヤレス装置が広く手に入るようになったおかげだ。これらの技術は、人々が参加し組織化する方法を根本から変えつつあるとはいえ、たいてい都市の伝統的な枠組み内で利用されている。だから、世界は今や、カイロのタハリール広場、イスタンブールのタクシム広場、ニューヨーク市のズコッティ公園で抗議デモがあったことを知っている。タクティカル・アーバニズムの台頭は、暴力的でもなければ、あからさまな政治的理由で立ち上げられたものでもないが、インターネットと都市の物理的枠組みの二重のインフラに頼っているため、皆で協力して、行政と市民の関係改善に取り組むことができる[32]。

物事を成し遂げるための課題

都市に引っ越す人や単に都市にとどまる人が増えるにつれて、人々は足りない公共施設を求めるが、必要な変化を促進する正式なプロセスがない。これは、新しい住民が流入しているあらゆる場所にも、かつての工業地区や昔から十分なサービスが行き届いていない地域にも当てはまる。人々がコミュニティを改善しようとするとき、まず市議会議員、自治体都市計画課、市長室にさえ接近してアイデアを実現しようとする。たいてい、変化を促進する正式なプロセスが、割に合わないくらい時代遅れで面倒で時間がかかりすぎることに気づくのに、そう長くはかからない。その結果、人々は地元であろうとなかろうと、合法的に制度を利用し近隣の内外でよい変化を起こすことが、ほぼ不可能だと感じ、失望してしまう。

2013年のピュー・リサーチ・センター（Pew Research Center）の分析によると、選挙で選ばれた公務員に対するアメリカ人の信頼度は、1956年の80％の高値から、2010年には史上最低に転落した[33]。政治制度への幻滅と市民に対する対応の遅さは、公共計画プロセスの欠陥をはるかに超えている。最近の政治不信は、戦争から大企業の救済まで、この本の範囲を超えた多くの要因を突き止めることができる。不満が募って、ティーパーティー〔訳注：2009年からアメリカ合衆国で始まった保守派のポピュリスト運動〕や「ウォール街を占拠せよ」などのムーブメントが生まれた。両者は政治的領域の両極端から発生しているものの、両者が認める以上に共通点が多い。概して、程度に関係なく、行政は奉仕する人々の日常的な課題にもっと迅速に対応すべきだという感覚があるようだ。

このように見ると、タクティカル・アーバニズムは、都市計画に影響を与える最近の傾向に関するものであり、行政と市民との関係（または対応）に関するものでもある。また、大不況によって、地方自治体によるWeb2・0〔訳注：送り手と受け手が流動化し、誰もがウェブサイトを通して、自由に情報を発信できるように変化したウェブの利用状態〕の利用が進んだとしても、民主政治の正式な手続きとプロセスには、依然として不満がなくならず、行政は懸命に市民の要求に応えようとしている[34]。

この本の序文で述べた人間が主役の新たなタイムズスクエアは、事実上一夜にして現れたが、決して新しいアイデアではなかった。由緒ある地域計画協会（Regional Plan Association）は、早くも1969年に出版された『Urban Design Manhattan（アーバン・デザイン・マンハッタン）』で、タイムズスクエアだけでなく、セントラルパークとマディソンスクエアの間のブロードウェイも自動車通行止め範囲にすることを提案していた[35]。このプロジェクトは、市内で最も象徴的なパブリックスペースのいくつかと有名な劇場地区を結びつけようとし、市内の中心的なオフィス街を活気づける戦略として位置づけられた。このアイデアには第4章で述べる理由でメリットがあった。しかし、数十もの街区で車を永久に締め出すのは、政治的に手間がかかり、市民の大反対を押し切ってプランナーがプロジェクトを提案しなければならないのは、意欲が失せるので、どんなに大胆不敵な政治家であっても思いとどまるだろう。結局、計画は頓挫した。

それでも、タイムズスクエアが最初に提案された時代は、都市計画の業務にとって過渡期であった。戦後のアメリカでは都市計画分野が専門化されたために、市民が自分たちのまちづくりに参加する余地がほとんどなかった。市民主導の抗議と改革の取り組みがそれに続き、何らかの市民参加プロセス、あるいは少なくともそれらしきものを確立する道を開いた。今日、善意なのか規則なのか「市民」参加が行われても、幅広い層が除外されていることが多い。これは場所やプロジェクトによって異なるが、現代の都市住民が直面している本当の課題は、市民参加プロセスが住民の関心や文化的期待に応えていないことだ。

大半の人が、土地利用と建築形態を規制するうえで、地方自治体が重要な役割を果たしていることに同意するだろう。といっても、この2つは別々に利用されることが多く、交通網やコミュニティの社会的および物理的な構造に深刻な被害を与えてきた。そして、この規制モデルが役に立たなくなっていることがよく知られているにもかかわらず、地方自治体は、総合的開発パターンを採用し続けるだけで、市民の意見（実数で）にほとんど耳を傾けず、現在および将来の需要に合った規模で歩いて生活しやすい近隣を効果的に提供する方法も、ほとんど知らない。

　戦後の車時代に建設された都市は、通常選挙や法令による市民集会以外に、市民参加のための効果的なモデルを十分に発展させなかった。そして、大都市圏の規模がますます拡大し、人的資本および経済資本が多様化していることを考えると、これらの方法でさえ弱かった。その結果、革新的な計画プロセス、つまり変化をもたらすのに本当に包括的《インクルーシブ》で効果的かつ効率的なプロセスになり得るものは、ある種の残念な専門家の同意「予算が許すかぎりのことをして、うまくいくように祈る」に足並みをそろえる体制の端で常に機能してきた。

　こうして、市民参加プロセスや文化的嗜好に対して無視しないにしても無関心になり、本当の市民のコンセンサスは得られないだろうと思い込んでしまう。このようなことが何十年間も全国で日常的に行われてきた。ニューヨーク市の旧ペンシルベニア駅舎（ペン駅とマディソンスクエアガーデンを一体化し現在の建物に建て替えられた）を解体した「後」、１９６０年代半ばに歴史建造物保存運動が起きたのを見ればわかるだろう[36]。このできごとをきっかけにしてニューヨーク市歴史建造物保存委員会（New York City Landmarks Preservation Commission）が結成され、歴史保存の分野が拡大したという人もいるが、本当の失敗は、ペンシルベニア駅を取り壊す決定に至るまでに市民参加プロセスがなかったことだった。『ニューヨーク・タイムズ』紙は、「最初の一撃が加わるまで、ペン駅が本当に取り壊されることも、ローマ様式の優雅な時代の最大かつ最高のランドマークに対するこのとんでもない破壊行為をニューヨークが許可することも、誰も納得していなかった」と報じた[37]。

ジェイン・ジェイコブズ〔訳注：ノンフィクション作家、ジャーナリスト。素人でありながら道路建設や再開発の反対運動の先頭に立った〕の影響力のある著書『アメリカ大都市の死と生』が、現代の都市計画に対する父権的なアプローチを非難したのは、その同じ十年間だった。ジェイコブズのグリニッジビレッジの運動は、ロバート・モーゼス〔訳注：都市計画家。ニューヨーク市の建設行政を34年にわたり支配した〕が長年提案していたカナルストリートに接する広大な近隣を取り壊すはずだったロウアーマンハッタン高速道路計画を阻止するのにも役立った。ニューヨーク市の最強のリーダーを倒そうとする闘いは、市民の社会活動を大きく紹介し広く報道された。ニューヨーカーに発言権を与え、都市計画と意思決定のプロセスに市民を含める必要性が明らかになった。また、全米で新興の近隣の社会活動家たちを勇気づけることにもなった[38]。

「都市再生」によって近隣が脅かされたり破壊されたりするのを市民が見る割合は、高速道路プロジェクトが一つ阻止されても減らなかった。１９６５年、ポール・ダビドフの独創的な論文「都市計画における社会活動と多元主義」は、まちづくりの過程で都市計画家が果たした役割を批判することによって、ジェイコブズなどの人々の活動を推進した。ダビドフは、社会正義と公平性の追求は都市計画家の権限内にあると確信し、インクルージョンと公開討論を通して、ＮＧＯや個人、特に公民権を剥奪された人々に権限を与える制度を提唱した。ダビドフは、ボトムアップの社会活動が生み出す政治的対立に進んで取り組み、多くの人々に発言の場を与えることによってよりよい計画が達成できると考えた。「将来的な都市計画の見通しは、政治的および社会的な価値を検討し議論するように公に求める仕事の見通しだ。この見解を受け入れることは、都市計画家を単に技術者として働かせようとする都市計画の規定に従わないことだ」と書いている[39]。

しかし、十分なサービスを受けていないコミュニティを都市計画プロセスに効果的に巻き込むには、まだ道のりは遠い。都市計画において「多元主義」が拡大したため、連邦、州、地方の基準、規制、プロセスが過度に絡み合った制度が生まれた。このプロセスには現在、公聴会、書面による民間意見調査期間〔訳注：法律・施策の実施前に市民の意見を聞く期間〕、都市計画およびゾーニング委員会、ワークショップ、シャレット、諮問委員会、運営委員会、環境影響調査、許可、プロジェクト作業部会が含まれている。それぞれが、時間とリソースを持つ人々のために市民参加レベルを引き上げたが、意見の相違が大きすぎたかどうか聞いてみたいものだ。

大小問わずプロジェクトのために巧みにくぐり抜けなければならない官僚制度の層は非常に厚くなり、建設許可をとるプロセスは、さまざまな利害の対立と管轄区域を考えると非常に複雑なため、効率的にやり遂げることは、できたとしても、きわめて困難でしかも高額だ。この善意の制度の予期せぬ結果として、プロジェクトのスケジュールが延び予算が膨らんでしまう。また、課の人事異動、景気循環によるプロジェクトの範囲縮小（同時にどういうわけかコスト増になる）、選挙ごとに政治家の優先順位が変わって計画が見直しになるせいで、長年経過するうちに責任の所在がわからなくなる。単にあまりにも多くのプロセスがあり、十分に実施できないから、都市が疲弊しているのだ。

サンフランシスコのバンネスアベニューのバス高速輸送ラインから、ニューヨークのセカンドアベニュー地下鉄、マイアミの果てしなく遅れているメトロレールまで、例を挙げればきりがない。お住まいの地域で最低一つは、同様のプロジェクトを思いつくだろう。大規模で費用がかかる複雑なプロジェクトは、期待と興奮が高まるが、結局、現在の都市計画の方法は、共通点と円滑に進む道を見つけようとするのではなく、公対私、個人対集団、富裕層対貧困層という具合に互いに利害を対立させることが明らかだ。確かに「ローマは一日にして成らず」は本当だが、今なら間違いなく全く不可能だろう。

1963年の旧ペンシルベニア駅舎の取り壊しがきっかけで、アメリカで歴史保存運動が起きた。(Eddie Hausner/ The New York Times/ Redux)

小さなプロジェクトでさえ、地方自治体が小規模な変化も迅速に行うつもりがないとわかるとうんざりしてしまう。ある市には、空き地をドッグパークに変える、交差点の路面に絵を描く、歩道の植樹帯沿いにコミュニティのレインガーデン［訳注：降雨時に雨水を一時的に貯留し、時間をかけて地下へ浸透させる透水型の植栽スペース］をつくるなど、小さいながらも重要な変化を起こす情熱とアイデアを持つ人々が大勢いる。ところが、そのようなプロジェクトを実施するには、許可をとるためだけに数カ月の煩雑な手続き、保険、コミュニティのコンセンサスが必要だとわかると、それを最後までやり通す力のある人はほとんどいない。その結果、普段は法律を順守する市民が許可なく行動を起こし、後で許しを求めることがある。そのような強硬手段に出なければ、変化を起こせないのだ。

ボルチモアのハンプデン地区の住民ルー・カテッツリは、ある晩、スプレー塗料を使って、交通量の多い4方向の交差点に横断歩道を描いた。2011年に市が道路を舗装し直した後、横断歩道、停止線、道路の中心線を再び塗装しなかったため、ドライバーは一時停止の標識や横断歩道に気づかなくなった。近隣の住民や企業は、市の公共事業課に「工事が中断したままだから早く終わらせてほしい」と繰り返し求めたが、道路を舗装した請負業者が「寒冷な気候のせいで工事を完了できない」と主張したため、何の措置もとられなかった。カテッツリはこの回答に満足せず、自ら行動を起こした。そして、一夜の落書きで、カテッツリが横断歩道をスプレー塗装している間に、「悪意のある器物損壊」の通報を受けてボルチモア警察は交差点を3回通過したという。警察官たちは、カテッツリのいわゆる器物損壊に公共の精神を見出して、おとがめなしで、プロジェクトを完了するように言ったと伝えられている。

その後まもなく、運輸省の広報担当者は「ゲリラ的横断歩道」に対して、住民は法的責任の問題でボルチモアの街路にペイントすることは許されず、カテッツリの行動に対して民事または刑事

ボルチモアのハンプデン地区の住民ルー・カテッリは、市が道路工事を中断してしまったため、スプレー塗料を使って交通量の多い十字路の交差点に横断歩道を描いた。（Deborah Patterson）

訴訟を起こすべきかどうかを調査すると説明した。ボルチモア市議会議員で地域を代表するメアリー・パット・クラークは異なる姿勢を示した。「歩行者の姿がよく見えて安全であることが地域の優先事項であり、特に周囲に学校もあるのだから、市はカテッリのような人々に感謝すべきだ」と答えた。カテッリは起訴されず、市はその後すぐに横断歩道を完成させた[40]。

大規模なインフラから小規模な地域改善まで、プロジェクトを完了するために必要な時間とコストのせいで、市民や地方自治体の行政官は計画疲労と呼ばれる一種の無気力を経験する。最も熱心な近隣の活動家や政治のリーダーでさえ、終わりのないような計画プロセスにうんざりしているため、この種の行政手続きに係る倦怠感から立ち直ることは難しい。だから、行政運営に支払われる金額は言うまでもなく、プロジェクトデリバリー方式に対する不満が、市民の間でますます募っているのだ。活動家も官僚も同様に、タクティカル・アーバニズムの即時性に目を向け、「何か」を成し遂げるためにこの手法をハックしているのも不思議ではない。

オープンで透明性があり協調的なプロジェクトデリバリーの枠組みを考案することは、どの都市の計画でも最優先課題に含めるべきだ。

オレゴン州ポートランドの交差点を美化するために共同作業する子どもたち。（Greg Raisman）

04

都市と市民について：タクティカル・アーバニズムの5つのストーリー

共同制作者《コ・クリエイター》は努力して、公式なアクションと公式なリソースの広がり続ける差を埋める。共同制作者の存在次第で、「愛される」都市になるか住むだけの都市になるかが決まる。

――ピーター・カゲヤマ
『For the Love of Cities（都市への愛のために）』1

成功したすべてのタクティカル・アーバニズムのプロジェクトには、説得力のある誕生秘話がある。たいていは不満に端を発し、それに工夫して対応した話であり、よく知られた都市環境の課題に取り組んでいる。この章では5つのストーリーを紹介し、現状打破を目的とした短期的な戦術が、どのように物理的な環境や政策、あるいはその両方に長期的変化をもたらしたかを説明する。ストーリーは以下の5つだ。

インターセクション・リペア
ゲリラ的ウェイファインディング

ビルド・ア・ベター・ブロック

パークメイキング

道路空間の広場化

さらに、各ストーリーには、別のケーススタディや、元のプロジェクトに触発されて他の場所で行われた別のプロジェクトが含まれている場合が多い。

市役所の許可なく活動する積極的な市民の主導であろうと、あるいは「行政内起業家《イントラプレナー》」として内部で働く官僚の主導であろうと、リーダーシップがなければ、小さな行為は大きな行為に発展しないことを強調したい。たいていリーダーシップは、ごく少数の人々のグループから生まれ、多くの人々をそのプロセスに巻き込む。そうすることによって、何が可能かを全員が理解できるようになる。

正規のコミュニティリーダーが過小評価しがちなこのような先駆者の力と重要性について、『For the Love of Cities（都市への愛のために）』の著者ピーター・カゲヤマは、「都市全体は、比較的少人数の『共同制作者』によってつくられている。共同制作者は、起業家、活動家、アーティスト、パフォーマー、学生、主催者、その他の『当該市民』の役割のなかで、大半の人々が消費する体験を生み出す」と書いている。さらに「共同制作者の多くは、権威も中央集権的な指示もなく行動し、その創造性あふれる取り組みから、残りの人々は恩恵を受けている。そして人々が楽しめる体験を生み出し、まちづくりに不釣り合いなほどの影響を与える」としている[2]。

タクティカル・アーバニズムを実践するのはコミュニティの共同制作者であり、都市計画、パブリックアート、デザイン、建築、社会活動、政策、技術の境界があいまいになることが多い。この最後の点で、この章で紹介する各ストーリーは、第3章で説明した「ラディカル・コネクティビティ」の台頭が大いに役立った。たとえば、マット・トマスロの最初の「ゲリラ的ウェイファインディング」プロジェクト〔訳注：ウェイファインディングは、目的地までわかりやすく案内・誘導すること〕、ウォーク・ローリー(Walk Raleigh)では、一連のウェブベースのツールを使用して、プロジェクトで使う標識の作成、設置の記録、その正当性の主張、最終的に必要な資金調達を行って規模を拡大した。また、ニューヨーク市交通局(DOT)は、ニューヨーク市のタクシーに設置された全地球測位システム(GPS)ユニットが収集し送信するデータを用いて、タイムズスクエアの歩行者天国が、絶えず混雑していたマンハッタンのミッドタウンの走行速度によい影響を与えたことを分析し実証することができた。

今日、いわゆる一般人によって世界中で行われている、市民主導のDIYの「創造的なプレイスメイキング」プロジェクトは数え切れない。とはいえ、重要な点として、この章で取り上げた担い手のほとんどは、地元の市民参加プロセスに精通していたか、まちづくりの技術に関する教育を受けていた。それが役立って、プロジェクトを成功に導いたのは間違いない。しかし、従来のプロジェクトデリバリー方式をあまりよく知らない非専門家がプレイスメイキングに関わる手段として、タクティカル・アーバニズムの利用を検討している都市が増えていることに、私たちの期待は高まっている。これは好ましい傾向であり、加速すべきだと思う。

私たちはプロジェクトとその背後にいる人々に触発されて、タクティカル・アーバニズムを仕事のコンサルティング業務と私的な社会活動に取り入れたが、同じように読者の皆さんもひらめきを得ることを願っている。各プロジェクトから学んだ教訓を第4章全体で説明するだけでなく、第5章ではさらに完全なハウツーマニュアルも提供する。これがあれば、皆さんが自分のコミュニティで、タクティカル・アーバニズムのプロジェクトを始めるのに役立つだろう。

インターセクション・リペア

市民不在の都市とは何だろうか？

——ウィリアム・シェイクスピア
『コリオレイナス』

プロジェクト名：シティ・リペア

開始年：1997年
開催場所：オレゴン州ポートランド
リーダー：市町村が支援する市民たち
目的：安全性を高め健康を増進させるため、コミュニティスペースとして近隣の交差点を整備すること。
事実：ポートランドのサニーサイド広場地区で、全般的な健康状態が「大変よい」または「よい」と回答したのは、改良された交差点から2ブロック内の住民は86%、隣接する対照地は70%だった[3]。

オレゴン州ポートランドは、自転車道が水面に浮かび、緑豊かなレインガーデンが歩きやすい街路を飾り、立ち並ぶ屋台が中心街に残る、数少ない平面駐車場を覆い隠す都市である。ポートランドの例外主義は、現実的にもイメージ的にも、強力な政治的リーダーシップを必要としてきたが、より正確には、市の変革を目的とする市民参加の文化を発展させてきた進歩的な市民像を映し出している。おそらく、シティ・リペアとその代表的なプロジェクトであるインターセクション・リペアのストーリーほど、これを表しているものはない。

シティ・リペアは、コミュニティ形成と近隣のプレイスメイキングのアプローチであり、パーマカルチャー［訳注：持続的な農業を営むこと］、ナチュラル・ビルディング［訳注：環境負荷の少ない建築技術］、パブリックアートを使用して市民参加を促進する。これらの取り組みにはインターセクション・リペアも含まれる。これは、近隣の交差点を再生し、近隣住民の集いの場の役目を果たすように魅力的で安全なところにするものだ。ポートランドではまず、近隣住民が交差点の路面に大きな絵を描き、ベンチ、広報キオスク、通り沿いの貸し出し図書館などのさまざまな公共設備を置いた。なお、インターセクション・リペアのプロジェクトには、私有地と公共権利通路が含まれる場合がある。

シティ・リペアは、1997年に緩やかに連帯した活動家グループとして始まったボランティア団体名でもある。今日では、ポートランド市民に支援と指導を行い、仲間同士の協力を通じて近隣の改善に関心のある人々にインスピレーションを与える非営利団体だ。また、ポートランドの毎年のアースデーの祝祭で先頭に立ち、ビレッジ・ビルディング・コンバージェンス（Village Building Convergence）と呼ばれる毎年恒例のプレイスメイキング・イベントを立ち上げた。これは、市内の数十カ所で同時開催されるイベントで、何百人もの人々が参加する。

この団体は、独自のプロジェクトの企画に関心のある市民や地元団体に技術支援を行っている。こうすれば、コミュニティが責任を担い、近隣住民がいっしょに変化を生み出す重要性が強調される。団体のリーダーたちがこだわっているのは、デザイナーとしてではなく、まとめ役としての役割だ。このようなアプローチによって、プロジェクトの資金調達、デザイン、実施、維持に住民は直接関与するため、社会資本が構築され、住民は自立する。

この団体が活躍し、インターセクション・リペア術を生み出したことは意義深い。なぜなら、小規模、無許可、低コストの市民主導の取り組みがどのように発展して、市の許可を受けた大規模で世界的に有名な取り組みになれるかを示しているからだ。

異なる未来をつくる

シティ・リペアのストーリーは、ポートランドのセルウッド地区から始まった。市の南端、ウィラメット川の断崖絶壁に位置するこの地区は、当時も今も、つつましい1階や2階のコテージや平屋住宅が立ち並ぶ。マーク・レイクマンが「異なる未来をつくり、それを達成するために他の人々に力を与え」始めたのは、この地区だった[4]。

レイクマンは、社会派建築家の両親のもとに生まれ、両親から都市計画と設計の価値を学んだ。レイクマンは、都市計画家は「スーパーヒーローみたいに、まだこの世に存在しないものを思い描いた。それは力強いものだった」と子ども時代の思い出を語る[5]。後になって気づいたのは、父親が手がけた中心街のプロジェクトが、どれほど政治色が濃く成功していたかだけでなく、一般市民が構想や建設において役割を果たしていなかったことだ。さらに、中心街を重視していたせいで、ほとんどのポートランド市民が住んでいる近隣に必要な施設はつくられなかった。

レイクマンは、数年間海外に住んで、他の文化が社会的および物理的な生活様式をどのように調整しているかを学んだ後、1995年に帰国し、たちまちカルチャーショックを受けた。メキ

マーク・レイクマンの裏庭のT-Howsは、1990年代半ばにオレゴン州ポートランドにコミュニティの集いの場をつくった。(Photo by Melody Saunders)

シコとグアテマラの熱帯雨林でマヤ人と暮らし働いた直後だっただけに、「自分とポートランドの隣人たちはすぐそばに住んでいるのに、こんなにも孤立しているのか」と不満を募らせた。レイクマンによると、「私は周囲を見回して『ここには自分の生活を区分けする選択をした人は誰もいない!』と言った」という[6]。

この隔たりを埋めようとして、友人数人を説得し、人々がお互いに顔を合わせ、リソースを共有し、広く地域の結びつきを強めることができる場所をつくるのを手伝ってもらった。わずか65ドルの天然素材とリサイクル素材を使って[7]、レイクマンは、人々がお茶を飲みながら会うことができる小さなコミュニティの建物を設計した。名前はT-Hows（発音は「ティーハウス」）。それはセルウッドの自宅の裏庭に組み立てられ、すぐに週1度の会合や持ち寄りパーティーの場所になり、近隣住民は新しいコミュニティスペースの施設で会って話した。人々は社交の場を求めていたが満たされておらず、レイクマンがうまく救いの手を差し伸べたことは一目瞭然だった。

とはいえ、この建物は市の許可なしに建設され、市のゾーニング法に違反するほどの大きさだった。6カ月間で人気が高まった後、市当局はついにその撤去を求めた。常に一歩先を行くレイクマンは、簡単に解体できるように建物を設計していた。T-Howsの材料（再生プレキシグラス［訳注：ガラスの半分の重さで強度は17倍のアクリル樹脂］、木材、プラスチック板、竹）を古いトヨタのピックアップトラックに再び取りつけるだけで、移動式ティーハウスをつくり、T-Horseと呼んだ。この移動式バージョンは、どこでもすぐにコミュニティの集会所を提供できる設計だ。社会環境建築家の美術展についてのブログによると、T-Horseは「市が遠隔で持つ権力」を超えて出現し、コミュニティの運命を決定づけた[8]」。

現在、ポストカーボン研究所に勤務するダニエル・ラーチは、T-Horseでの初期の集会に約200人の他のメンバーと出席しているうちに、都市の持続可能性は、ライトレールシステム［訳注：低床式で騒音の少ない路面電車］や国際環境性能認証制度（LEED）の建物ではなく、社会的な関係から始まることに気づいたという。レイクマンのT-Horseは、キッチンカーが流行する先駆けで、公共心があるものと見なすことができ、パブリックスペースを活用する意図的で、低コスト、移動式、戦術的な方法であると同時に、人々が地元で社会的関係を築くのを促した。

T-HorseはT-Howsの力をはるかに幅広い地域の人々に届け、すぐに地域経済の発展、プレイスメイキング、コミュニティの強化、環境の持続可能性に関するコミュニティの話し合いをする物理的な機会になった。レイクマンは、T-Horseのような創造的でありながらシンプルな介入の力について論じるなかで、人々は「自分たちの世界全体を違った目で見始める。これは変化を起こすための力強い推進力だ」と語る[9]。

T-Horseがまちなかを疾走するなか、レイクマンはセルウッドの近隣住民を再び巻き込んで、オリジナルのT-Howsの魔法を再現した。レイクマンが決めたのは、ある交差点を本当のパブリックスペースに変換することだった。つまり、車を徐行させ、近隣住民が交差点を近隣広場として再生できるようにすることだ。小グループは、サウスイースト9thストリートとシェレットストリートの交差点を選んだ。レイクマンはインタビューで「勢いをつけてきて、いきなり交差点に飛び込んだんだ」と語った[10]。

インターセクション・リペア

１９９６年の夏、グループはポートランド交通局（ＰＢＯＴ）に話を持ちかけ、交差点を塗装する提案をした。ポートランド市や他の場所では前例がなく、ロビー活動をしたにもかかわらず、グループは支援を受けられなかったからだ。実際、あるＰＢＯＴの職員は、グループとの会合で

「あそこはパブリックスペースだ。だから誰も使えない！」とくだらないジョークを飛ばしたという逸話もある[11]。この理不尽な言葉に触発されて、近隣住民グループはもう一工夫して前進することにした。

市の頑固な決定を覆すために、レイクマンと近隣住民は、交差点に入る街路を車両通行止めにする標準的なブロックパーティーの許可を申請することにした。といっても、バーベキューをしたり、フリスビーで遊んだりするのではなく、交差点全体に広がる大きな絵を描くことで、市民不服従を示す思慮深い活動を前に進めた。グループはまた、24時間営業のセルフサービスのティーステーション、コミュニティ掲示板、情報キオスク、子どもの遊び場をつくり、今日でも存続している。その時点から、サウスイースト9thとシェレットの交差点は「シェア・イット・スクエア（Share-It Square）」と呼ばれ、ポートランドの最初のインターセクション・リペアがお披露目された。

当然のことながら、ＰＢＯＴの職員はすぐに、許可なく市道に変更を加えたとして罰金を科すと脅した。グループは、ＰＢＯＴと市議会議員を直接巻き込んで対応し、「このプロジェクトは、車の徐行とコミュニティの団結という目標を達成した」と説明した。そして、インターセクション・リペア・プロジェクトの近隣住民に配布したアンケートによって、グループの主張を裏づけることができた。アンケートの結果、回答者の85％が、近隣でのコミュニケーションと安全性の向上、犯罪の減少、車の減速を実感していることが明らかになった[12]。

市議会議員のチャーリー・ヘイルズはプロジェクトの価値を理解し、新たに「シェア・イット・スクエア」と名づけられたこの広場を2つの理由で却下すべきではないと、ベラ・カッツ市長と同僚の市議会議員を説得することができた。第一に、ポートランド市ではアートとパブリックスペースのための財源が減少しているが、この積極的な市民グループは、市民の税収ではなく、ボランティアの労働力と寄付された材料を使って問題に対処することに力を入れた。第二に、地域交流を促し、車の依存度を下げ、街路を安全にしたいと願い、市が促進する住みやすさ政策と持続可能性の目標と、このプロジェクトはどう考えても一致している。では、なぜ熱心な市民に、市が政策を実行に移すのを手伝ってもらわないのか？　一体どうして、将来再び実行できるようにしないのか？

ヘイルズの支援と3カ月の市の取り組みにより、市議会はシェア・イット・スクエアの存続を許可した。さらに、市は、同様のプロジェクトを市全体で実施できるように、時間のかかる条例策定プロセスを簡単な基準で開始した。15年近く経って、チャーリー・ヘイルズ（現市長）は、インターセクション・リペアに関する利点についてサイトライン研究所に語った。「変に聞こえるかもしれないけど、土曜日の午後に（交差点）周辺を歩いてみてほしい。そうすればわかるだろう。近所の人たちがおしゃべりし、車は徐行し、自分が『広場』にいるって実感できるんだ[13]」。

その後の数年間、シェア・イット・スクエアは進化を続け、24時間営業のティーステーションを常設の材料（スチール、木材、コンクリート、モザイクタイル）で再建し、プレキシグラスの屋根と黒板を加えて掲示板を拡張し、農産物共有所を開設し、歩道用のチョーク自販機が登場した。やがてベンチ、近所の情報キオスク、その他の構造物などの設備も加わり、元の交差点の絵は何度もデザインし直され、塗り替えられた[14]。

インターセクション・リペアは現在、シティ・リペアの定義では「都市街路の交差点を市民主導でパブリックスペースに変換すること」とされている。2001年から2005年までシティ・リペアの共同ディレクターを務めたダニエル・ラーチによると、一番目立つインターセクション・リペアの要素は確かにペイントかもしれないが、近隣を再活性化するのは、道端に沿って建てられた構造物であり、「他に用途がない住宅地にさまざまな小規模機能を取り入れる」からだという[15]。2011年の記事で、ヤン・セメンザ教授は「それはペイントの問題ではない。近隣住民が自分たちより大きなものをつくるという問題だ」と述べた[16]。

市の手続きを進めるのに数年かかったが、ポートランド市は2000年にインターセクション・リペア条例を採択した。つまり、ポートランド中の近隣が合法的にこのプロセスを再現できることになり、創立3年目の全員ボランティアからなるシティ・リペア団体は、喜んで支援する態勢にあった。

今日、毎年恒例のビレッジ・ビルディング・コンバージェンスには、何百人もの人々がインターセクション・リペアなどの戦術を展開して、ポートランド全体で近隣の改善を行っている。ビレッジ・ビルディング・コンバージェンスに関する2012年の記事で、『The Oregonian（ジ・オレゴニアン)』紙はシティ・リペア理事エディ・フッカーにイベントの発展についてインタビューした。「3年前、このイベント用に310リットル(82ガロン)のペイントを注文した。今年は、1010リットル(267ガロン)を注文し、31の会場で塗った[17]」。市内全96地区に広げるという使命を掲げて、インターセクション・リペアなどのシティ・リペアの活動は、今やポートランド中で見られるようになった。

シティ・リペアの活動がきっかけとなって、ワシントン州オリンピア、ノースカロライナ州アッシュビル、ニューヨーク州ビンガムトン、ミネソタ州セントポール、ペンシルベニア州ステートカレッジをはじめとする北米のまちや市が同様のプロジェクトを行ったのは驚くには当たらない[18]。このプロジェクトがポートランドや全国規模で広がっていることは、その魅力と拡張性《スケーラビリティ》を証明している。どこの近隣街路も運転や駐車だけにとどまらず、多様な用途に使えるのだ。

インターセクション・リペア、アースデー、ビレッジ・ビルディング・コンバージェンス以外にも、シティ・リペア団体はポートランドのプレイスメイキングや環境の取り組みをいくつか生み出している。ダニエル・ラーチは、これはシティ・リペアが「人々に実力行使《アクティビズム》の許可を与えている」からだと言う。言い換えれば、シティ・リペアに関わっている人々は、場所を軸とする実力行使の秘訣を学び、それからニーズのある他の特定の分野に焦点を移していく。その一例がディペーブ(舗装面の緑地化)で、2006年に市民活動家の緩やかなグループとして始まり、市から「無許可」で、あまり使われていない駐車場や私道からアスファルトを取り除いた。目的は、不要な舗装やコンクリートを、豪雨時に雨水を排出し汚れを緩和する地域の緑地に置き換えることによって、都市の自然環境を改善することだった。

10年前にシティ・リペアが先駆けて活動し、資金面のスポンサーとして初期の役割を果たしたおかげで、ディペーブはすぐに無許可の「ゲリラ」グループから、アメリカ環境保護庁、オレゴン州環境品質局、パタゴニア、マルトノマ郡土壌・水保全地区が資金提供する、成功を収めた非営利団体に変わった。２００７年に非営利団体になってからは、ディペーブは約１０２１９平方メートル（約11万平方フィート）の舗装面を、拡張した校庭、コミュニティガーデン、フードフォレスト［訳注：食べ物を収穫できる森］、ポケットパークに変えた。同団体のウェブサイトによると、この取り組みの結果、ポートランドの雨水排水管から年間約１０００万リットル（２５５万５０００ガロン）以上の雨水が排水された[19]。

インターセクション・リペアは、貴重で実績のあるタクティカル・アーバニズムの例になっているだけでなく、コミュニティ形成にも力を発揮する。興味深いことに、このプロジェクトはインターネット時代に入る直前に実施されたが、世界的に実施され続けている。インターセクション・リペアに関する情報は現在、オンラインで広く配信されており、私たちが思うに、インターセクション・リペアは、市民主導のタクティカル・アーバニズムの最新の波を起こすのに役立った「最高の」戦術である。実際のルーツは１９９０年代半ばにあるが、それを利用することへの関心はデジタル技術の発展とともに高まっている。今では、動画を見たり、記事を読んだり、プロジェクトが成功した理由とやり方についてのウェブサイトを訪れたりすることが可能だ。それでもなお疑問が残る。インターセクション・リペアの社会的な影響は、計測できるのだろうか?

ポートランドの事例が、多様性に対する許容度を高め、車を徐行させ、近隣住民の参加を促し、近隣のアイデンティティを高め、犯罪率を下げ、近隣を美化し、住民にとって住みやすさが向上したことを示す主張には事欠かない。ポートランド州立大学の元教授であるヤン・セメンザは、2003年に『American Journal of Public Health(アメリカ公衆衛生ジャーナル)』に掲載した査読付き論文で、これらの主張の多くが真実であることを確認した。この調査で、ポートランドの2番目のインターセクション・リペア・プロジェクトであるサニーサイド広場が、連帯感を高めていることもわかった。もっと具体的に言えば、近隣を「住みやすい」と評価したのは、この地区の住民は65%、対照地(隣接する地域)では35%だった[20]。また、全般的な健康状態が「大変よい」または「よい」と回答したのは、この地区では86%、隣接する地域では70%であり、「ほとんど憂鬱な気分にならない」と回答したのが、この地区では57%、隣接する地域では40%であることもわかった。セメンザによると、この好結果は、サニーサイド広場の創設に使われた地域密着型の習慣とプロセスに起因するのかもしれないという。

セメンザの研究活動の一環としてインタビューを受けたある住民の言葉は、見事に要点を押さえている。「アメリカの都市では疎外感と断絶が蔓延しているが、主にコミュニティの結びつきが強く、喜びがあれば癒しになる」。

オレゴン州ポートランド、インターセクション・リペア作業中。（Greg Raisman）

04-1

オンタリオ州ハミルトンのインターセクション・リペア

北米の交差点はあまりにも長い間、運転しない人を犠牲にして車を最優先する設計がされてきた。連邦道路管理局のデータによれば、都市部では致命的な衝突事故の大半が交差点で発生するため、これは危険な事実だとわかっている[a]。このため、私たちはインターセクション・リペアの定義を拡大し、あらゆる人の安全を優先するために市民が舗装面だけでなく物理的な形状も変更するプロジェクトを含めることにした。この種のインターセクション・リペアで私たちが発見した最良事例は、人口50万人の脱工業化が進むレイクベルトの市、オンタリオ州ハミルトンで行われたもので、活動家たちが街頭に出て、低迷している市のリーダーに政策と計画を実行に移すように求めた。

変化が遅々として進まないことに業を煮やして、ハミルトン／バーリントン建築家協会（HBSA）とオンタリオ建築家協会（OAA）は、市民の社会活動家がタクティカル・アーバニズムを用いて市の「不完全な街路」を改善するのを支援するために、2013年春に取り組みを開始した。この2週間の取り組みには、ストリート・プランズ主導のタクティカル・アーバニズム・ワークショップが含まれていた。典型的な状態を示す5つの交差点に対して低コストで一時的な介入を考案し、参加者はプロジェクトを2週間実施することになった。順調に事が運ぶように、HBSA加盟団体は材料費5000ドルを拠出した。

一交差点当たり1000ドルの予算で、約30人のワークショップ参加者（近隣住民、事業主、地元の建築家）は工夫しなければならなかった。ゲリラ的横断歩道やウェイファインディングの材料から、都市デザインの大がかりな展示による歩車共存空間の概念の提示まで、さまざまなアイデアが出され、実行された。ワークショップのプロセスは、5つの交差点のうち3つでハミルトン市の許可を受けた恒久的な変更につながったが、市と市民の対立がなかったわけではない。このストーリーでは、最も地方自治体の怒りを買っただけでなく、最もけん引力もあったプロジェクトに焦点を当てる。

ハーキマーストリートとロックストリートは、ハミルトンの中心街の西側にある路面電車が通る古くからの商業地区の南端で交差している。四隅には、自動車修理工場、小学校、不動産事務所、教会がある。ある時点で、東西に走るハーキマーストリートは2車線の一方通行の交通パターンに変換され、ドライバーが曲がりやすいように縁石半径が長くなった。近隣住民から安全に関して絶えず苦情が寄せられ、交通静穏化計画が完了したにもかかわらず、市は歩行者のために街路の安全性を高める対策はほぼ何も講じていなかった。

ワークショップの参加者は、特に学齢期の子どもたちのために、交差点を通過する車を徐行させる戦術を見出し、市にその政策を実行するように求めた。参加者は、歩行者、特に子どもたちが横断する距離が短くなり、ドライバーから見えやすく、ドライバーが徐行して交差点を曲がらなければならないように、「ゲリラ的バンプアウト」で交差点を改良することを提案した。実施には、次の三つの簡単な手順が含まれていた。

1. ロードコーンを購入し、色を塗り、その上に花を置く（そうすれば、絶対に市主導のプロジェクトと混同されない）。
2. 夜の闇にまぎれて、ロードコーンをアスファルトにねじ込んでバンプアウトをつくる。
3. 成り行きを見守る。

このプロジェクトの情報は、市の有力紙『The Hamilton Spectator（ハミルトン・スペクテーター）』に記事が掲載されてからたちまち広がった。さらに、地元の市民問題を扱うブログ「レイズ・ザ・ハンマー（Raise the Hammer）」は、学校の交通指導員へのインタビューをはじめ継続的に記事を掲載し、交通指導員は「これはいい！　これで本当に交通量が調

オンタリオ州ハミルトンで夜の闇にまぎれ歩道を拡幅する。(Jeff Tesseir)

整される。そこは危険が増していた」と語った[b]。

同様の意見が多かったにもかかわらず、市民主導のプロジェクトは市役所から激しい抵抗にあった。ロードコーンは取り除かれ、市の担当者は、タクティカル・アーバニズムをこの地域で使用することについて、市の同僚たちに警告する内部メモを書いた。

このように市道に変更を加えることは違法で、安全ではない可能性があり、市の維持費と修理費が増大する。市はこれを破壊行為と見なすことができ、市民、特に歩行者の健康と安全に深刻な悪影響を及ぼしかねない。市と当該個人の両方に法的責任とリスク管理責任が問われる可能性がある[c]。

もちろん、メモのどこにも、市が現状維持の危険性を認識している様子はなかった。また、プロジェクトが害を及ぼしたという証拠もなかった。皮肉なことに、一般市民の支持者たちは、SNSを通じて広められたポスターの形でユーモアを交えて反論した。アメとムチの心理学的戦術で、HBSAは一歩前進して責任を認め、市当局者との会合を求めた。主要な市議会議員と市職員は同意し、権威ある地元の組織であるHBSAが表明した懸念を受け入れた。会議の後、突然、市は態度を変えた。見事な対応の早さで、ハーキマーストリートとロックストリートの交差点を改良することに決め、視認性の高い横断歩道、歩道の拡幅、縁石半径の縮小をテストするための「パイロットプロジェクト」を選んだ。

オンタリオ州ハミルトンで交通静穏化が行われた。(Philip Toms)

最初の会合から2週間以内に、歩道の拡幅は、かつてロードコーンが立っていた場所にペイントで輪郭を引き、仮設の車止めを設置し、視認性を高めるため横断歩道は縞模様にした。これに対して圧倒的な支持があったので、市に対して市内全域で同様の処置を適用するように促した。進捗状況を確認しておくと、2013年8月のブログ「レイズ・ザ・ハンマー」の記事「ゼブラパルーザ(Zebrapalooza)」に、市の交通工学管理局長であるマーティン・ホワイトとの電子メールによるインタビューが掲載された。ホワイトは、この進展はロックストリートとハーキマーストリートの介入の成果だと認めた。プログラムの拡大について、当初、単一の街区に重点的に取り組むつもりだったが、あまりにも人気があることがわかったと述べた。「このアイデアはたちまち広まり、こちらから場所を提案する前に、議員が要望の多い場所を提案しにやってきた[d]」。1年も経たないうちに、ハミルトン市は、恒久的な改良の代用として低コストの仮設材料を使用して、70近い交差点の改良を完了した。数カ月以内に市はロックストリートとハーキマーストリートに立ち返り、ペイントと仮設の車止めをコンクリートに置き換えた。

今日でも、市はパイロットプロジェクトの開発を続け、タクティカル・アーバニズム

PHONE THE HAMILTON POLICE SERVICE IMMEDIATELY IF YOU SEE ANY INSTANCES OF TACTICAL URBANISM.
DO NOT TO APPROACH TACTICAL URBANISTS DIRECTLY. PLEASE WAIT FOR THE POLICE TO ARRIVE. THEY MAY BE ARMED AND DANGEROUS, BUT THE TACTICAL URBANISTS ARE UNLIKELY TO BE. FOR ALL SUCCESSFUL ARRESTS, PUBLIC WORKS WILL PROVIDE 10 KG OF FREE ASPHALT.

「タクティカル・アーバニズムを見つけたら必ず、ハミルトン警察庁にお電話ください。タクティカル・アーバニストには直接近づかないこと。武装していて危険な場合もあるので警察が到着するのを待ってください。といっても彼らは従わないでしょう。うまく逮捕できたとすれば、今後も公共工事で無料のアスファルト10キログラムが産出されます。」
オンタリオ州ハミルトンのタクティカル・アーバニズムの「指名手配」ポスター。(Graham Crawford)

というツールによって改良が必要な場所を市民が簡単に提案できるオンラインプラットフォームの開発を検討している。ＨＢＳＡの理事であるグラハム・マクナリーは、次のように書いている。「市にとって、タクティカル・アーバニズムのプログラムは革新的で効果的な方法となり、市民からの情報提供を受け、マスタープランや行政計画で対応しにくい規模で近隣を改善する方法について見識やアイデアを集めるとともに、ハミルトン市民やそれ以外の人々に対して、市が新たな方法での取り組みを目指し、市役所内外にかかわらずよいアイデアには耳を傾けることを示すだろう[e]」。

a. "The National Intersection Safety Problem," Federal Highway Administration, http://safety.fhwa.dot.gov/intersection/resources/fhwasa10005/brief_2.cfm.

b. Ryan McGreal, "Invigorating Tactical Urbanism Talk Inspires Action," *Raise the Hammer*, May 8, 2013, https://raisethehammer.org/article/1849invigorating_tactical_urbanism_talk_inspires_action.

c. http://raisethehammer.org/article/1850/city_crackdown_on_tactical_urbanism.

d. Ryan McGreal, "Zebrapalooza," *Raise the Hammer* August 19, 2013, http://raisethehammer.org/article/1933/zebrapalooza.

e. Graham McNally, "City Embraces Tactical Urbanism," *Raise the Hammer*, September 24, 2013, http://www.raisethehammer.org/article/1960/city_embraces_tactical_urbanism.

ゲリラ的ウェイファインディング

時間があればどこでも歩いていける距離にある。

——スティーブン・ライト

プロジェクト名：ウォーク［ユア・シティ］
開始年：2012年
開催場所：ノースカロライナ州ローリー
リーダー：懸念を抱く市民マット・トマスロ主導。現在はあらゆる場所のウォーカビリティ社会活動家、コミュニティ団体、都市計画家。
目的：他の交通手段より歩行を奨励すること。
事実：アメリカで行われた全移動の41%は1・6キロメートル（1マイル）未満であり、徒歩または自転車での移動は全移動の10%未満である[21]。

20世紀の都市があらゆる場所で運転を促すものだったとすれば、21世紀の都市は歩行を促すものだ。ジェフ・スペックは著書『Walkable City（歩いてどこでも行ける都市）』で、「ウォーカビリティを正しく理解すれば、それ以外のことが後に続くだろう」と述べている[22]。そのとおり。経済、公衆衛生、環境の利益は、歩いてどこでも行けるように設計された地域と相関性がある。そのような地域は、60年間の中断を経て最近形成され始めたばかりだ。その本の他の箇所を探ると、アメリカでは歩いて生活しやすい近隣は少なく、そんな地区に対する需要はますます高まっている。最近のある研究によると、ミレニアル世代は、歩くのに不便な地域より歩くのに便利な地域を1対3の割合で好むという[23]。

ウォーカビリティは、近隣に望まれる特徴を生み出すあらゆるものの縮図だ。建築の質、密度、歩行者志向のデザインを特徴とする思いやりのある街路、さまざまな用途、公園や使用可能なパブリックスペースに近いことなどが挙げられる。

しかし、これらあらゆる要因が近隣にあるのに、そこの住民の大半が普段は歩かない場合、どうなるだろうか？　どうしたら、二足歩行で移動するのを受け入れる文化に変えられるのだろうか。2012年1月のある雨の降る寒い夜に、ノースカロライナ州立大学大学院生の29歳のマット・トマスロは、答えを探しに行った。

2007年、トマスロはランドスケープ・アーキテクチャーと都市計画の二重修士号を取得するためにローリーに引っ越した。そこで見つけたのは、急速に成長していく典型的な郊外で、42万5000人の住民を抱える車依存の都市だった。運転が任意である近隣を好んだトマスロは、キャンパスに近く日用品を徒歩で買いに行けるため、キャメロン・ビレッジ（ウォークスコア：

80）［訳注：Redfin社の不動産情報サイトが100点満点で採点するウォーカビリティの指標］を選んだ。
タクティカル・アーバニズムを最初に経験したのは、ローリー市のパーキングデーに学生仲間と加わったときだった。世界中の市民が、駐車するためではなく一時的なミニチュアパークをつくるためにメーター制の駐車スペースにお金を払う、毎年恒例のイベントだ。つかの間ではあるが、この介入は、通行人が街路の多様な使い方、パブリックスペースを増やす必要性、車依存が社会に及ぼす悪影響を考えるのに役立った。

ところが、トマスロはクラスメートがつくったパーキングデーは、一つの重要な要素が欠けていたため、好結果にならなかったことに気づいた。それは通行人だ。「パーキングデーやパークレットでさえ、実際に通り過ぎる人やその前を歩く人がほとんどいなければ、あまり役に立たないと思ったことを覚えている」という[24]。介入を支持していたものの、パーキングデーを自分自身が経験し新しい住民として歩き回ったことで、一つの疑問が生まれ、頭から離れなかった。なぜ、ほとんどの人が歩かないのか？　友人、仲間、隣人、そして赤の他人を調査した結果、同じ回答ばかりが返ってきた。「遠すぎるからだ」。

彼はそこで終わりにしなかった。私たちが距離の問題についてたずねると、普段は穏やかな口調のトマスロが熱く答えた。「でたらめだ！　当時、私は大学と中心街の間にあって、歩いて回れるようにつくられた旧市街に住むことにしたが、そんな人はほとんどいなかっただろう。ちょっと夕食に出かけるのに2分でも車に乗るくらいだ」。

そこでトマスロは、目的地とそこまでの交通手段に関する質問に答えるときに挙げられた人気の目的地をマッピングしてみた。本当に遠すぎたのか？　すぐに、回答者の大多数が挙げた目的地まで徒歩15分以内であり、多くはそれよりずっと近いものだとわかった。そのとき、気づいたのだ。問題なのは実際の距離ではなく、その距離の「感じ方」だった。

土地利用、都市デザイン、インフラを一晩で恒久的に変更することはできないとわかっていたが、より多くの情報を提供することで、人々の距離に対する誤解に取り組めると確信した。人気のある地元の目的地の名称、道順を示す方向矢印、平均的な人の所要時間が書かれた標識を、市が掲示したらどうだろうか？　そして、人々がその標識のQRコードをスキャンして、すぐに道順を確認できるようにしたらどうだろうか？

少し調べてみてわかったのは、ローリー市には、歩行を奨励する総合計画の政策がいくつかあり、トマスロの意図と完全に一致したのだ。しかし、市との仕事は費用がかかり困難なプロセスであることも学んだ。トマスロによると、標識のための一時的な侵入許可を実際に取得するのに最大9カ月かかり、賠償責任保険費用を含めて1000ドル以上の費用がかかるという。トマスロには必要な時間も資金もなかった。

そこで、行政の政策に沿ったウェイファインディング・プロジェクトの実施方法を考え始め、行政の許可をとらずに実施した。オンラインで材料を調査した後、軽量で安価な「ゲリラ的ウェイファインディング」標識をデザインする数々の方法を見つけ、製作費は約300ドル、つまり許可を受けたプロセスの約4分の1に抑えられた。最終的に、耐候性プラスチックダンボール「コロプラスト」製の標識を使い、電話や街路灯の柱に結束バンドで取りつけることにした。ノートパソコンでプロトタイプを考案するのに時間はかからなかった。各標識を見れば、歩行者やドライバーは人気のある目的地までの徒歩での所要時間がわかる。27枚の標識を印刷し、ガールフレンド（現在の妻）とカリフォルニアから訪れた友人の助けを借りて、ローリーの雨の夜に出かけていって標識を吊るした。プロジェクト名は「ウォーク・ローリー」だ。

「自分が何をしているのかわかっていた」とトマスロは語る。「絶対に公共の財産をわざと傷つけたりしなかった。オンラインで他のプロジェクトのことを読んで、接着剤は避けたほうがいいとわかり、簡単に切り落とせるものが必要だった。悪意はみじんもなかった」。トマスロは、芝生や電柱に同じように違法な不動産の看板が見つかったことを指摘し、「看板は公共の利益は全く提供していないのに、たいてい何カ月間も残っている。ウォーク・ローリーは少なくとも市民のためという目的があり、市が掲げる目標と一致していた。総合計画が何らかの言い訳になったことはわかっていたが、ウェイファインディングは市内ですでに要望があったものだった」と語った[25]。

　トマスロはまた、プロジェクトの意図を伝えることが重要であるとわかっていた。「このプロジェクトの範囲を広げるうえでインターネットが果たす役割を知っていた」。標識を掲げる前に、ドメイン名walkraleigh.orgを購入し、フェイスブックページとツイッターのハンドルネームを介して「ウォーク・ローリー」コミュニケーションプラットフォームを作成した。QRコードが標識の利用者数を追跡するのに役立つことがわかっていた。また、構図のよい高品質の画像でプロジェクトを記録する心意気もあった。そしてそれらの画像は、それ以降世界中に広まり、この本のページを飾っている。「ストーリーを伝えるのに役立ち、うまくいけば何らかの変化を促すことができるとわかっていた。正直に言うと、次に何が起こるかは本当にわからなかった」。

数日のうちにフェイスブックページには何百件もの「いいね！」がつき、この話はアーバニストのブログ圏に拡散され、『Atlantic Cities（アトランティック・シティーズ、現シティ・ラボ）』紙の記者エミリー・バジャーの注意を引いた。彼女はこのプロジェクトを「ローリーのゲリラ的ウェイファインディング」と名づけ、より大きなタクティカル・アーバニズム・プロジェクトの総まとめの代表例として含めた。記事によると、「この離れ業は、実際に標識を常設にする権限のある市職員の目に留まった。これは最高のタクティカル・アーバニズムだ。一時的で市民主導の奇抜な行為であり、その奇抜さがきっかけになって、最終的に都市の設備を本当に改善する可能性がある」という[26]。

もちろん、私たちには真実がわかっていた。「奇抜な行為」は「離れ業」などではなく、市民の長期的な行動変化と都市の物理的変化を促すことを意図した、用意周到で詳細に記録された介入だったのだ。ウォーク・ローリーはゲリラ的だった。そしてＤＩＹでもあった。しかし何よりも、戦術的だった。

『アトランティック・シティーズ』紙の記事は、ＢＢＣを含む他の国内外のメディアから関心を集め、ＢＢＣは「How to Get America to Walk（アメリカを歩かせる方法）」というニュース記事を制作した。この記事は、当時アメリカ都市計画協会の会長とローリーの都市計画ディレクターを務めていたミッチェル・シルバーを特集した。トマスロはシルバーと面識がなかったが、ツイッターのダイレクトメッセージでシルバーに連絡をとった後、ＢＢＣの取材になんとか参加してもらうことができた。シルバーはほぼ即答し、旅程を組み直しまちにとどまりＢＢＣの取材を受けたと伝えられている（後にシルバーは、もしトマスロが電子メールを送っていたら、受信できなかったか、返事が間に合わなかったと認めた）。

記事にシルバーが登場し、厳密に言えばトマスロの行為は違法だが暗黙のうちに認めたことで、歩行者を優先する都市の支持者の間で記事はさらに広がった。また、合法であろうとなかろうと、善意の市民主導のアクションがどのように行政の支持者を素早く獲得し、それが長期的変化を起こす可能性につながっていくのかを示した。シルバーの積極的な対応は、エミリー・バジャーが『アトランティック・シティーズ』紙に書いた追跡記事に記録されている。「何かが表面化したことで『条例』について再考せざるを得ないことがある。これは、『ここで一体何が起こっているのか？』と発言した一例だ。これ自体は宣伝広告ではなかった。確かに許可が必要だ。でも、人生でこれほど多くの市民が参加したのを見たことがない[27]」。

報道機関は、標識が市の許可を得ていないことを知ると、必然的に「ではなぜ標識はまだ掲げられているのか」とたずねた。この質問は厳密に言えば正式な苦情であり、市は標識を取り外し

マット・トマスロがウォーク［ユア・シティ］の標識を吊るす。(Matt Tomasulo)

て対応せざるを得なかった。標識が撤去されると、ローリー市民は抗議し、標識があったほうがよかったと主張した。コミュニティで反対意見が高まったことに気づいた市は、迅速に行動してこの運動を復活させる方法を考え出した。シルバーはトマスロに、「このプロジェクトを市の総合計画の『パイロット・プログラム』にすることで、すべて実現できるだろう」と言った。トマスロは喜んで役割を果たし、コミュニティの支持を集めて市議会が決議を可決できるようにした。今回もインターネットに頼り、すぐにsignon.org「ウォーク・ローリーを復活させよう（Restore Walk Raleigh）」運動を立ち上げ、標識を元に戻すことに対して市民の支持があることを実証した。

3日以内に請願書は1255人の署名を

集め、トマスロのフェイスブックはフォロワー数が急上昇して拍車をかけた。市議会が開かれる頃には、この議題は結論が出たも同然だった。市は、許可した3カ月間のパイロットプロジェクトのために、標識を市に寄付する意思があるかどうかをたずねた。市は総合計画で述べられているように、動力を使わない移動の増加、自転車と歩行者のためのインフラ整備、さらにはウェイファインディング標識の拡大という目的に、このプロジェクトが合っていることを正式に認めた。

このプロジェクトの地元の成功と国際的な注目に拍車がかかり、トマスロの大学院の指導教官は、修士プロジェクトのテーマ変更を許可し、代わりにウォーク・ローリー・プロジェクトの取り組みの拡大に集中できるようにしてくれた。トマスロは、誰でもログインし、独自の標識をカスタマイズし、数日以内に配送してもらえる（結束バンドを含む）ウェブプラットフォームを構想した。とはいえ、最初に運転資金が必要だった。

ローリー市を超えて活躍の場を広げるために、トマスロはプロジェクト名をウォーク・ローリーから「ウォーク［ユア・シティ］」に変更し、資金調達を促すためにオンラインのクラウドファンディング・プラットフォーム「キックスターター（Kickstarter）」に目を向けた。キックスターターのスタッフはこのプロジェクトを気に入って、フロントページで宣伝してくれたので、549人のサポーターから1万1000ドル以上の資金が集まった。当初の目標額5800ドルをわずか8日間で上回り、2倍以上を達成した。「私たちはすぐに資金調達できたが、それは主に人々が見返りを期待せずに喜んで15ドルを寄付してくれたからだ」とトマスロは述べている。

ウォーク［ユア・シティ］の標識。(Matt Tomasulo)

2012年7月までにトマスロは小チームをつくり、ウォーク［ユア・シティ］のテンプレートの作成を進めていた。そのベータ版（試用版）は無料でダウンロードできる編集可能な標識テンプレートだ。これが軌道に乗り始めると、このプロジェクトに大いに刺激を受け、独自の「ゲリラ的ウェイファインディング」プロジェクトを練り始めた人たちもいた。キックスターターキャンペーンから数週間以内に、ニューオーリンズ、ロチェスター、メンフィス、ダラス、マイアミなどの都市で標識が再現された。

ダウンロード可能なテンプレートは十分な需要があることを証明し、コミュニティはトマスロとそのチームに歩行促進キャンペーンを考えてほしいと依頼した。これは、

www.walkyourcity.orgプラットフォームの完全版を構築するのに十分な理由になった。このサイトから、誰でもデジタル署名テンプレートをカスタマイズするだけでなく、希望の数を購入し、数日以内に指定場所に配送してもらえる。このサイトのキャッチフレーズは訪問者に「それほど遠くない」と伝え、ケーススタディ、標識の吊るし方とベストプラクティスの情報を提供し、ブログにプロジェクトと歩いて生活しやすい都市への一般的な動向を掲載している。

現在までに、このプラットフォームは1万件以上の標識テンプレートがダウンロードされ、世界中の都市や市民主導のプロジェクトで使用されている。トマスロの取り組みには大量のエネルギー、ビジョン、持続的な献身が必要だったが、そうする価値があったと主張している。「1500人の小さなコミュニティの人々もニューヨーク市の大規模なコミュニティの人々もこの標識を使っている。低コストで拡張性《スケーラブル》が高い。そのことを誇りに思っている」という。地元のキャンペーン、社会活動家、プロジェクトマネージャーが、このツールを使用してデータを追跡し始めるにつれて、このプラットフォームは、いくらかの収益も上げ始めている。ローリーに立ち返ると、ノースヒルズ地区には93の標識が設置されている。9カ月間に200人以上の人々がデジタル歩行案内の標識をスキャンした。さらに、訪問者や近隣住民から、スキャンしなかったものの、標識の情報のおかげで今までにしたことのない散歩をするきっかけになったと言われたという。

トマスロの仕事は、第二の故郷に影響を与え続けている。マットが標識を吊り下げてから約1年後の2013年1月、ローリー市は、ウォーク・ローリーの標識の使用許可を含む、よりきめ細かな包括的な歩行者計画を採択することを投票で決定した。このようにプロジェクトが無許可から許可へ移行したのは、本書に掲載した市民主導のタクティカル・アーバニズムのプロジェクトなど、他の主な適用例と同じだ。

ウォーク［ユア・シティ］のケーススタディから引き出される教訓がたくさんある。トマスロのあらゆる仕事の中心にあるのは、ラディカル・コネクティビティの力を示す低コストでウェブベースのコミュニケーションおよびプロジェクト作成ツールだ。その結果、トマスロは、アクセス可能で使いやすいオンラインツールを開発してオフラインのアクションを起こすことができる、と固く信じるようになった。トマスロの活動は、一般的に市民技術と呼ばれるもの（「シビックテック」）を例示し、行政ではなく市民が変化をもたらすことを可能にした。

トマスロの活動は、市民インフラへのＤＩＹアプローチが、従来のプロジェクトデリバリー方式にどのように迅速に影響するかを示すと同時に、プロジェクトとその利点が導入されて市内各所に広まることになれば、延々と孤軍奮闘しなくてよい点を強調している。

さらに、トマスロのプロジェクトは、タクティカル・アーバニズムのプロジェクトが成功するには、実践と同じくらい記録が欠かせないことを示している。実際に、ウォーク・ローリー・プロジェクトの重要な側面は、トマスロとその共謀者たちが単なる物理的な標識以上のものを設計したことだ。彼らは、特にプロジェクトの最初の違法性を考慮して、成功できそうなプロセスを調査し設計した。調査、試作、テスト、学習のプロセスは熟慮したうえで行った。このアプローチについては第5章で詳しく説明するが、プロジェクトが注目を集めたとき、トマスロは、実施した理由と方法をはっきりと説明することができたため、市のリーダーや職員と関係を築くことができた。行政側はすぐに彼をトラブルメーカーではなく、権限を与える価値のある市民リーダーと見なすようになった。また、ウェブコミュニケーションプラットフォームがあったため、標識の撤去を余儀なくされたとき、急増する支持者のネットワークに呼びかけることができた。

では、プロジェクトは次にどこへ向かうのだろうか？　北米中の都市は、常設の標識をつくるために資金が掻き集められる一方で、仮設のウェイファインディング標識を使い始めるのだろうか？　ウォーク［ユア・シティ］の取り組みは、他の人々が使うのに十分な収益を維持できるだろうか。本当に都市のウォーカビリティを高めるだろうか？　これらのすべての問いに対する答えはまだないが、ノースカロライナ州のブルー・クロス・ブルー・シールド（Blue Cross Blue Shield）は、トマスロが何かに取り組んでいると確信している。２０１４年初頭、このヘルスケア大手の十分な資金提供により、トマスロの最初の正社員が採用され、州内の三つのパイロット都市でツール実施の指導を手伝っているはずだ。この会社は、このツールは肥満予防対策になると考え、歩行での移動を増やすことができるとしている。

トマスロは、その可能性の高まりに興奮しながらも、「シビックテックという急成長している分野は始まりから数年しか経っていない。SeeClickFixは先駆けだったが、今では利用可能なツールとリソースが爆発的に増えている」という。しかし、オンラインネットワークが豊かになってきているだけでなく、コミュニティでオフラインアクションのプロジェクト、ツール、アイデアを共有する機会も増えていることがわかっている。

「態度の変化、意欲、支援の程度を見て、もう少しリスクを冒し、チームを組んで、地方自治体のプロセスがどのように私たちのようなプロジェクトを支援できるかを探るのは、本当におもしろい。私たちは歩く文化を築きたいだけであり、これが大きな変化をもたらす一助になるだろうと思っている」。

ビルド・ア・ベター・ブロック

官僚制度、行政の臆病さ、あるいは無能さのせいで、人々のための場所があまりにも妨害されているとき、上記のすべてに対して不満が募ったことがきっかけとなって、とにかくやってみたのがベター・ブロックだ[28]。

——パトリック・ケネディ

プロジェクト名：ビルド・ア・ベター・ブロック——オーク・クリフ
開始年：2010年
開催場所：テキサス州ダラス

リーダー：憂慮する市民が始め、ジェイソン・ロバーツとアンドリュー・ハワードによって全国に拡大し、今や世界中で利用されている。
目的：近隣を変革するためにあらゆる可能性を1街区で実証すること。
事実：近隣の活性化のための「ビルド・ア・ベター・ブロック」のアプローチは、3大陸で100回以上実施されている。

空き地。空き店舗。老朽化した建物、めったに使われない駐車場。車を運転するには広すぎる街路。アメリカの都市にありがちながっかりする光景だ。そして、多くの都市部が繁栄している一方で、半世紀にわたる制度全般の投資削減から回復していないところも多い。建物の改修費が高く、地方自治体の政策や条例は面倒で時代に合わないいままなので、このような状況に耐えてきた若者や高齢者に必要な施設を提供するのは難しい。これらの場所の多くは、ダイナミックな社会構造や興味深い歴史があり、もしかしたら未来は明るいかもしれない。しかし、ダラスのある地区のアーティストや活動家のグループは、私たちに教えてくれた。エンジェル投資家〔訳注：創業まもない企業に対し資金を供給する富裕な個人のこと〕や慈悲深い行政機関が、救世主になって現れるのを待つのではなく、荒廃した近隣の活性化は、週末のうちに始められるのだと。
小売業への投資削減と車中心のゾーニングのせいで、タイラーストリートは、前記の特徴の多くが見られた。ダラス中心地の南西4・8キロメートル（3マイル）に位置する古くからの路面電車地区オーク・クリフのかつて賑やかだった街路だ。そこで、ミュージシャンから情報技術コンサルタントに転身したジェイソン・ロバーツが率いる近隣活動家の小グループが、その状況を立て直そうと決めた。ロバーツは都市計画問題での経験があり、最終的に路面電車を近隣に戻し、歴史的なケスラー劇場の活性化に貢献した社会活動で成功していた。しかし、彼は不満の原因は主として、個々の建物や交通手段にあるのではなく、土地利用と交通に対する市の全体的なアプローチにあると感じた。そのせいで、自転車インフラの整備、街路の安全性の向上、より充実したストリートライフなど、自分や隣人たちが望んでいる変化を妨げていると考えたのだった。

「1956年に路面電車が廃止されたとき、幹線道路2本が一方通行になったため、(小売店の)視認性が50%失われ、安全ではない高速で走行する道路になった。これらの街区は『人々のために』つくられたのに、周囲の環境は住みにくくなった」とロバーツは主張している。そこで、2010年に志を同じくする近隣住民グループを集め、課題の対処法について話し合った。ロバーツは「私たちは近隣を変えたかったので、数年前に活性化に協力した古い劇場に、主にアーティストだった友人たち15人とともに集まった」という。

このグループは、街路を人々にとって心地よい場にするプレイスメイキングの要素を加えるために、市民が乗り越えなければならない膨大な数の障害について話し合った。「歩道に人々が集まるのを許可しないこのような条例が、いまだにあるのはなぜだろうか。それとも、歩道に花を飾るためだけに手数料1000ドルが必要なのか?」とロバーツはみんなにたずねた。市のゾーニング条例のせいで路外駐車を余儀なくされ、有害でありながら一般的な都市政策がまだアメリカの都市のほとんどで見られるため、アスファルト面が増えるだけでなく、再開発コストが上昇し、中小企業のオーナーや起業家になるのを妨げることもあった。ダラスのゾーニング条例は、策定から70年近く経った今、人々が望む暮らし方に対して意味をなさなくなってきた。オーク・クリフのこの一角でほとんど経済が発展していないのも不思議ではない。

「シェパード・フェアリー［訳注：アメリカの現代アーティスト。オバマ大統領の選挙ポスターデザイン、OBEY Clothing 創設などで知られる］、バンクシー、その他のストリートアーティストの作品に触発され、人々は多くの社会問題について考え方を変え始めている。そこで私たちは、そのような考え方、つまりとりわけ人目を引く介入をどのように応用して、自転車レーン、賑やかな店頭、私たち皆が望む他の設備の創出に結びつけたらよいのかについて、ブレインストーミングを始めた。全体として、一時的な近隣改善プロジェクトは、人々がダラスに対する考え方を変えるのを促すかもしれないと思った」とロバーツは言う[29]。

グループで、サンフランシスコ、パリ、私たちの事務所があるブルックリンのダンボ地区［訳注：マンハッタン橋高架道路下。Down Under the Manhattan Bridge Overpass の頭字語］などの場所で、愛される近隣共通の側面について話し合った。「皆、近所のたまり場、コミュニティマーケット、賑やかな街路など、材料は同じだ。これらのアイデアのすべてを街路に、ダラスの1街区に詰め込んで、私たちのまちがどうなる『可能性があるのか』を人々に見せるべきだと考えた」。「ビルド・ア・ベター・

ブロック」（別名「パーフェクト・ブロック」）というアイデアが、いつの日かダラスだけでなく、テヘラン、メルボルン、アトランタなどのさまざまな都市でさびれた街区について考え方を変えるとは思いも寄らなかった。

グループは「自分自身を脅迫する」と名づけたテクニックを使って、ロバーツが書いた2010年のブログ記事「バイク・フレンドリー・オーク・クリフ（Bike-Friendly Oak Cliff）」で自分たちの意図を公表した。ロバーツは、自分たちが達成すると誓った今後のプロジェクトを次のように説明した。

オーク・クリフ・アート・クロール（Oak Cliff Art Crawl）の一環として、バイク・フレンドリー・オーク・クリフのメンバー数人（BFOCers）は、ゴー・オーク・クリフ（Go Oak Cliff）とともに、ひどいゾーニング条例と制限的な開発条例が行われている車中心の4車線の街路を使い、それを人に優しい近隣に変換する「リビング・ブロック（living block）」アートインスタレーションを制作中だ。2日間限定で、コーヒーショップ、フラワーショップ、子ども向けアートスタジオを含む三つのポップアップ店舗を設置し、アンティークの照明器具、屋外カフェの座席などを持ち込む。舞台装置グループのシャグ・カーペット（Shag Carpet）と協力し、アーティスト、社会活動家、住民のチームが集まり、協力してプロジェクトをまとめている。現在、日よけ、屋外席、リブ／ワークスペース〔住居兼仕事場〕などをつくりたい企業にとって、市は数々の障害をもたらしている。ダラスが本当にアメリカの他の主要都市に負けない競争力を持ちたいなら、重視すべき変化を強調するために、このイベントを企画中だ[30]。

ロバーツは、近隣住民のための近隣住民によるプロジェクト開発を重視した。「これは建築家にしかできないという考えを払拭しようとしている。誰もがすばらしい場所をつくることができるし、この雑多な人々を一つの分野を超えて活用したら、思いもよらなかったすばらしいアイデアが浮かぶだろう[31]」

ロバーツによると、ビジョンに命を吹き込むために集まったグループは、多種多様な人々で構成されていた。「ある人はショップトラックを入手でき、別の人はアンティークな街路灯やベンチのような舞台装置があった。友人にレストラン経営者がいて、コーヒーメーカーを借りた。他の友人にはEtsy〔訳注：ハンドメイドやビンテージ商品のオンラインマーケット〕のアーティストも何人かいて、私たちが使用許可を得た空き店舗を彼らが引き継ぐことになった。現在のビジネスパートナーであるアンドリュー・ハワードは、この活動のことを聞きつけ、手伝いを申し出てくれた。当時、彼が都市計画コンサルタントだとは知らず、自転車レーンの塗装をお願いした。いつもクライアントのために計画と設計はしていたが、実際に制作したことは一度もなかったそうだ！　彼はダラス初の『ニューヨーク式』の構造分離自転車レーン〔訳注：車道・駐車スペース・自転車レーンに分離した構造で、駐車スペースを間に挟んで走行車両から自転車を守る〕をつくったんだ[32]」

ハワードは、このプロジェクトに関わる実際の活動にすぐに魅了され、それを生きたシャレットと呼んだ。「普段はコンピュータ画面でデザインしている自転車レーンを、そこでは実際に描いていた。いつもと全く違う触覚に訴える体験だった。すっかりとりこになったよ[33]」

この取り組みは、触覚に訴えるだけでなく、戦術的でもあるといえるだろう。運営グループは、活性化の障壁を特定し、自分たちが望む近隣のあり方についてのビジョンを確立し、単一の都市街区から始めることによって規律を保った。

プロジェクトを円滑に進めるために、グループはダラス市から通常の特別イベント許可を取得しなければならなかった。たいていどの都市にもそのような許可があり、ブロックパーティー、芸術祭、ロードレース、その他のイベントを路上で行うことを許可する何でもありの制度だ。ベター・ブロックのグループは、オーク・クリフ・アート・クロールとともにイベントを開催したが、これにも特別なイベント許可が必要だった。ダラス市に関するかぎり、それは単に別の芸術祭だったため、許可をとりやすかった。しかし、この特定の場所の「芸術」はキャンバスではなく、新たにつくられた路上駐車場、歩道での食事、歩道の花、構造分離自転車レーン、ポップアップショップ、禁止または達成困難なその他の設備の提供だった。街路はまた、普段とは別のルートではあるが、車を封鎖しなかった。ハワードによると、「現実的なイベントにしたかったから、あれこれ設備を追加してもなお、車も通れることを示したかった」という。

タクティカル・アーバニズムの精神に忠実に、ベター・ブロック・チームが示したかったのは、何が可能かだけでなく、つくられた設備が市の規制でどの点が違法だったかだ。そこで、イベント中にわざと違反していたすべての条例とゾーニング条例を印刷し、誰でも見ることができるように展示した。このような創造性と知性にあふれた直接的な行動は、地方自治体の70年前にできたゾーニング条例がどのように近隣の活力を妨げているかについて、効果的に注意喚起した。市のリーダーたちの間で議論が始まり、ほぼ即時に行動を開始し時代遅れの条例に対処した。それだけでも最初のベター・ブロック・プロジェクトは成功だった。

印象的だったのは、おそらく皆が予想していたより早くプロジェクト主催者が望んでいた恒久的な変化につながったことだ。ロバーツによると、「私たちが変更したいと思っていた条例は、市議会の議事録に載せられて協議され、ほぼ直後に今の暮らし方を反映するように変更された。また、私たちがつくった自転車レーンは市の自転車計画に追加された。そして、ポップアップビジネスの一つ、オイル・アンド・コットン（Oil and Cotton）というアートショップが、2日間のイベント中に利用していた空きスペースを借りた」という。

「市役所の会議、シャレット、長い議論をする代わりに、まず問題のある現場に行き、問題を修正し始めるといい。数年ではなく数日以内にね」とハワードは助言する。

最初のベター・ブロック・プロジェクトは大成功を収めたので、ダラス市はすぐに他の場所の

アトランタでベター・ブロック実施中。(Atlanta Regional Commission)

迅速な活性化策として同じアプローチを依頼した。そこで、チーム・ベター・ブロックが、ジェイソン・ロバーツとアンドリュー・ハワードのリーダーシップのもとで結成された。そして、最初のベター・ブロックからちょうど1年後、チームはダラス市の新しいシティ・デザイン・スタジオと協力して、活気のないシティ・ホール・プラザの再活性化を支援した。このようなデザインがよくないパブリックスペースをどのように再生できるのかを理解するために、ロバーツとハワードは、パブリックスペースの有名な専門家ウィリアム・「ホリー」・ホワイトの1983年の全く同じ計画を見直してみた。提案はほとんど実施されなかったものの、一時的な起業活動や市内の他の場所で行われた物理的なデザインの介入に役立ったものもあったことがわかった。

この情報を携えてロバーツとハワードは、市当局と協力してリビング・プラザ・プロジェクトを考案した。最初に実証実験したプロジェクトが成功した後、毎月のイベントになった。市のウェブサイトによると、プロジェクトは「アーバニズムに関する議論に市職員を巻き込み、優れたパブリックスペースがどのように生活の質を高め、安全性を向上させ、経済を刺激するのかを実証する」ように計画されたものだという[34]。このプロジェクトには周囲のコミュニティも巻き込んでいる。そのなかには意欲的な起業家も含まれており、まずダラス中心部でアイデアをテストした後に、新しい事業許可証を提出しリース契約に合意するように勧められる。

ダラス市は、この低コストでハードルの低い実験を奨励したことで称賛されるべきであり、他の都市は、リアルタイムでアイデアをテストするだけの「ビルド・ア・ベター・ブロック」方式から発展したアプローチを見習うことを検討すべきだ。

ベター・ブロック・プロジェクトは地元ですぐに反響を呼んだが、世界中の都市住民にアイデアをもたらしたのは、『Houston Chronicle（ヒューストン・クロニクル）』紙の記事[35]とYouTubeの動画[36]だった。最初のベターブロックのスピンオフは、わずか数カ月後（２０１０年10月）に近くのフォートワース市で行われた。ロバーツから助言を得た後、その市の社会活動家はサウスメインストリートの普段は空き地となっている場所で広すぎる街区を改善しようとした。街路を狭く安全にする実証実験に主眼を置くと同時に、普段は何もない場所に臨時の店舗を置いた。

フォートワース市は元のプロジェクトのパートナーではなかったが、変化に強い感銘を受けたので、プロジェクトの一部を常設にした。具体的には、サウスメインに追加された仮設の自転車レーンは市の自転車計画の一部だったが、道路は主旨に賛同しないテキサス交通局の管轄下にあったために実施されていなかった。ベター・ブロック・プロジェクトは、仮設の自転車レーンでその価値と見込みを強調し、市が州から公共権利通路を取り戻すように促した。こうして2週間後、仮設の自転車レーンは常設になった。ロバーツが言うように、通常のプロジェクトデリバリー方式では、「自転車インフラをこんなに早く整備できない[37]」

結果を重視するロバーツは、ベター・ブロックのテクニックはオープンソースであるべきで、自分やハワードが関わっているかどうかにかかわらず、どこでも近隣の活性化を支援するツールであるべきだと固く信じている。このアプローチに影響を受けて、世界中で１００以上のベター・

ダラス市役所のリビング・プラザ・プロジェクト（Patrick McDonnell/ Friends of Living Plaza）

ブロック・プロジェクトが行われた。その様子は、ベター・ブロックのウェブサイト（www.betterblock.org）で視聴できる。

全国の市や団体のコンサルティング業務を始めていたハワードとロバーツは、自分たちの取り組みの多くが成功していることを考えて、2012年に初期のプロジェクトのいくつかを見直したところ、大部分のプロジェクトで地元のゾーニング条例がほぼ即時に変更されたことがわかった。これは、ダラスで行ったチームの最初の取り組みの結果と同じだ。数年後、チーム・ベター・ブロックの活動は、政策変更に影響を与え続けている。バージニア州ノーフォークでの初めての取り組み後、市は迅速に対応してゾーニング条例を変更し、仮設の環境を合法化し将来的に常設にできるようにした。ロバーツによると、「それは文字通り2週間後だった」という。

ロバーツとハワードのベター・ブロックには先例があり、そこから着想を得ている。たとえば、1942年、『Atlanta World Daily（アトランタ・ワールド・デイリー）』紙は「Better Block Drive Started（ベター・ブロック活動開始）」と題する記事で、公民権団体アトランタ・アーバン・リーグが「ベター・ブロック」プログラムを開始し、「近隣住民を支援し、コミュニティの人々に積極的に参加してもらって物事を進め続けることによって、連帯感が生まれる」と報じた[38]。このプログラムでは、地域住民が共通の問題を共有し、いっしょに解決する方法を議論することの重要性を強調した。オールド・フォース区の4ブロックが改善の対象となった。「来週も来ます」と誓えば、植物の種が出席者全員に配られた。

26年後の1968年、ニューヨーク市はブリストル・マイヤーズ・スクイブ・コーポレーションと提携し、500以上の近隣の社会活動団体がオペレーション・ベター・ブロックに参加するのを促した。ブリストル・マイヤーズ社の広報部長は、「民間企業、地方自治体、近隣住民の協力が、ここを自分たちのまちにし、家族が暮らし子育てするよりよい場所にするのに効果を上げるだろうという前提を、私たちは強く信じていた」と述べた。オペレーション・ベター・ブロックの目標は、地域住民が「『コミュニティ』の感情と感覚を求め、育み、維持すること」であり、それが達成できるのは、「創造性にあふれ想像力に富んだ、住民自身の共同の取り組み」だけだ[39]。

ニューヨークに触発されて、ピッツバーグは1971年に独自のオペレーション・ベター・ブロック・プログラムを立ち上げた。このプログラムは、ホームウッド地区の住民が、特に長い冬の間に悪化した景観、舗装面、コミュニティの他の物理的な側面をよみがえらせる計画である。各街区の住民は、街区の美化に必要な優先事項だと感じたものを重要度順にリストアップした後、地域を改善するための資金を受け取った。その優先事項には、「低木や樹木の植樹、各住宅の照明、幼児の遊び場、街路灯、老朽化した建物の取り壊し、街路の定期清掃」が含まれていた[40]。

これらの初期のベター・ブロック・プロジェクトの成果についてはよくわかっていないが、現在のプロジェクトは政策と物理的な改善に恒久的な変化をもたらし続けている。測定しにくいが、少なくとも等しく重要なのは、プロジェクトの計画と実施中に築かれた関係とソーシャルネットワークだ。この社会資本が築かれたのは、タクティカル・アーバニズムの実に多くの種類のプロジェクトで、主催者が他の人に助けを求めなければならないからだ。空きビルや空き地の使用、道具の寄付、材料の借り入れには、既存の関係を利用して新しい関係を築く必要がある。このプロセスの経済効果は驚くべきものだ。テネシー州メンフィスの事例を見てみよう。

04-2

テネシー州メンフィス：「ビルド・ア・ベター・ブロック」のきっかけ

２０１０年11月、ダラスで行われた最初の「ビルド・ア・ベター・ブロック」プロジェクトからわずか数カ月後、ブロードアベニュー芸術連盟（Broad Avenue Arts Alliance）、リバブル・メンフィス（Livable Memphis）、その他のコミュニティの社会活動団体がビンガムトン地区に集まり、さびれたブロードアベニューに対して、同様だがさらに大きな取り組みを計画した。

ブロードアベニューは忘れ去られたメインストリートであり、２０００年代半ばにメンフィス市は復活を期待して計画を支援し始めた。２００６年のシャレットは近隣をまとめ、地域の活性化への支持を促したが、景気が悪化し市の財源がいっそう制約されるにつれて、勢いは止まった。

地元の近隣と社会活動団体が一体となって、「ビルド・ア・ベター・ブロック」のアプローチを使い、独自の活性化の取り組みを後押しした。彼らはアンドリュー・ハワードとジェイソン・ロバーツに相談した後、「ア・ニュー・フェイス・フォー・アン・オールド・ブロード（A New Face for an Old Broad）」の取り組みのために、個人および企業利益グループから2万5000ドルの資金を集めた。地元のギャラリーオーナーであり、活性化の取り組みのキーパーソンであるパット・ブラウンとリバブル・メンフィスのサラ・ニューストックによると、2万5000ドルの大部分は、空きスペースの仮設電源の設置と、プロジェクトに関わるアーティストやミュージシャンへの支払い（メンフィスのこの地域では芸術支援が重視される）に使われたという。この取り組みには、地元の学生が描く横断歩道、メンフィスの企業13社が入居するポップアップショップ6店舗、ブロードアベニューの3ブロックに沿って斜めの駐車スペースと仮設の構造分離自転車レーンを設置する「ロードダイエット」の実施が含まれていた。

次に起こったことは、あらゆる期待を上回った。イベントの宣伝にフェイスブック以外ほとんど使わなかったのに、2日間のデモンストレーションに1万5000人以上が参加し、ヒストリック・ブロードアベニュー・アーツ・ディストリクト（Historic Broad Avenue Arts District）への再投資の波を引き起こした。この原稿の執筆時点で、2万5000ドルの「ア・ニュー・フェイス・フォー・アン・オールド・ブロード」イベントは、ブロードアベニュー沿いの29の地所を改修し25の新しいビジネスを立ち上げるために、民間投資

テネシー州メンフィス、ビンガムトン地区での「ア・ニュー・フェイス・フォー・アン・オールド・ブロード」イベント。

仮設の自転車レーンと斜めの駐車スペースは、ビンガムトンでのイベント「ア・ニュー・フェイス・フォー・アン・オールド・ブロード」後も引き続き残った。（Mike Lydon）

２０００万ドル以上が集まった。こうして、この地域を人気の観光地にするという市の取り組みは、連帯意識を取り戻した。

１週末限定の予定だった仮設の自転車レーンと斜めの駐車スペースは、その後も撤去されず、歩行者や自転車に優しい道路構造の実現可能性を証明した。その後、市は車道を狭くし、正式に近隣とグリーンラインを結ぶ自転車道を加えることにした。

パット・ブラウンは『Memphis Daily News（メンフィス・デイリー・ニュース）』紙に対して、

的確に語った。「もし見て、触って、味わうことができれば、誰もが未来の姿を想像しやすい。紙きれを見るのではなく、人々に体験してもらいたい[a]」。

このプロジェクトは、市内の貧困地区の1つと市内屈指の公園スペースの一部を結びつけるもので、市、地元の財団、全国組織のピープル・フォー・バイクス（People for Bikes）から追加投資と支援を得た。しかし、2013年までに7万5000ドルの資金が不足していたため、リバブル・メンフィスは予算不足を埋めるために地域密着型「クラウドファンディング、クラウドリソーシング」プラットフォームのiobyに着目した。数週間のうちに、このプロジェクトは資金調達目標を超えた。iobyによると、出資者の大半は、現在「ハンプライン」と呼ばれる地域から約6キロ（4マイル）以内に住んでいて、平均寄付額はわずか57ドルだった。

A・C・ウォートン市長は、「ア・ニュー・フェイス・フォー・アン・オールド・ブロード」の成功を足掛かりにしてさらに発展させることにした。市長のイノベーション・デリバリー・チームの創設用に確保された2012年ブルームバーグ慈善事業助成金を割り当てて、市の中核地区の活性化にタクティカル・アーバニズムをさらに適用することにした。その指令は「きれいにしよう。活性化しよう。維持しよう」。この取り組みから考案されたプログラム「MEMFix」と「MEMShop」は、「ビルド・ア・ベター・ブロック」のイベントやポップアップショップ戦術など一時的な活性化策を用いて、近隣の再生を刺激した。

メンフィス市長のA・C・ウォートンは、正しく理解し、こう言った。「どの市も近隣を活性化するために、高額予算のプロジェクトだけに目を向けていることがあまりにも多い。しかしそのようなプロジェクトは十分に行きわたっているとは言えない。私たちが奨励したいのは、まち全体で行う小規模かつ低リスクでコミュニティ主導の改善だ。それらが積み重なれば、もっと大きな長期的変化につながる可能性がある」。

これ以上の言葉はないだろう。

a. Jonathan Devin, "Broad Ambitions," *Memphis Daily News*, http://www.memphisdailynews.com/editorial/ArticleEmail.aspx?id=54312

パークメイキング：ポップアップパーク、パークレット、パークモバイル

プロジェクト名：パーキングデー
開始年：２００５年
開催場所：カリフォルニア州サンフランシスコ
リーダー：デザイン事務所リバー（Rebar）、市民、社会活動団体、ビジネス改善地区（ＢＩＤ）〔訳注：州法に基づいて地権者から負担金を徴収して運営する〕、地方自治体都市計画課
目的：十分に活用されていない車優先の場所を市民が使用できるパブリックスペースに転用すること。
事実：２００９年から２０１４年の間に、サンフランシスコ市は個別に計画した40以上のパークレットを実施した。

世界人口の85％以上が都市部に住んでいるため、すべての都市住民がオープンスペースを利用できるようにする必要性がかつてないほど高まっている。データによれば、公園やオープンスペースがあると、住民にとって経済、健康、幸福の面で明らかに利益があることがわかっている。公

有地トラスト（Trust for Public Land）が最近実施したある調査によると、ロングアイランドのオープンスペースは、多くの要因のなかでも、「近隣住宅地の価値を51億8000万ドル（2009年）増加させ、固定資産税収入を年間5820万ドル増加させる」のに役立った[41]。

とはいえ、公園やその他のパブリックスペースは、市民にとって明確な健康面や社会面の利益があり、都市にとって財政的な価値があるにもかかわらず、特に低所得地域では、住民に適度なオープンスペースが行きわたっていない場合が多い。たとえば、マイアミ市は、1人当たりの空き地の面積において、アメリカの同規模の諸都市に後れをとっている（住民1000人当たりわずか1ー331平方メートル［2・8エーカー］で、全国中央値5018平方メートル［12・4エーカー］の4分の1未満[42]）。これに対して、都市中心部の駐車スペースはかつてないほど豊富だ。ある調査では、アメリカには路上および路外駐車スペースが20億台以上あると推定されている。なんと車1台当たり約8台分だ！[43]

残念なことに、地方自治体の予算が伸び悩み、都市中心部の未開発の土地は手に入りにくいため、19世紀半ばから後半にかけてオルムステッドなどが手がけたような大規模オープンスペース計画はほとんど見当たらない。ニーズは高まっているのに土地やリソースは不足しているという難しい局面で、戦術的な介入の数々が生まれ、駐車スペースと十分に活用されていない路面は、公共の集いの場やレクリエーションの場となる小オープンスペースに変わった。パークレット、パークモバイル（移動式公園）、ポップアップパーク、道路空間の公園化（Pavement to Parks、この章の後半で解説する）を通じて、全国の人々は公共権利通路にあるパブリックスペースを取り戻し、それを改良してオープンスペースのニーズを満たす新しい方法を見つけている。

パークレット（Parklet）は、手入れの行き届いた小さな憩いの場を提供するもので、元は路上駐車スペースだった場所を利用することが多い。パブリックスペースが限られた歩行者の交通量と密度が高い地域で、会社や団体が試しに公園を設置してみることができる。規模は小さく比較的低コストなので、温暖な都市で一年中使用できるように設置されているものでさえ、必要に応じた一時的な介入と見なすことができる。パークレットがあまり利用されていないか、メンテナンスが行き届いていなければ、迅速にお金をかけず解体できる。最悪の場合、失敗してもベストプラクティスのデータに貢献するので、将来的に市は二度と同じ過ちは繰り返さず、他の場所で再び組み立てて、もっと適した場所に利益をもたらすだろう。

パークレットは、芝生で覆われた仮設のミニパークから、駐輪場、パブリックアート、ベンチ、テーブル、椅子、運動器具まで備えた可動式の半永久的なウッドデッキまで、種類と品質の幅が広い。通常は歩道沿いにあり、歩道の社会生活を拡大できるという性質がある[44]。オープンストリートの取り組みの目標と同じく、パークレットは歩行者の活動とモーターのない交通手段を奨励し、近隣の交流と社会資本を高め、その地域の経済活動を活性化するように設計されている[45]。目的は、大都市の公園に取って代わることではなく、都市で利用できるオープンスペースの代替案を提供して従来の公園を補うことだ。密集した都市環境でオープンスペースが必要とされていることを

フィラデルフィアのパークレット。(Conrad Erb, www.conraderb.com)

考えると、1人当たりのオープンスペースが少ない上位4都市(ニューヨーク、シカゴ、サンフランシスコ、ボストン)がパークレットプログラムの先頭に立って、従来の大型公園とオープンスペースの制度を補ってきたのも不思議ではない。

現代のパークレットは、ベータ版ではあるが、2005年にサンフランシスコを拠点とするアート&デザインスタジオ「リバー(Rebar)」が元祖だとされている。しかし、オンタリオ州ハミルトンでパーキングメーター・パーティーズが早くも2001年に開催されていたことは、ほとんど誰の記憶にもない。地元の活動家たちはメーター制スペースを占拠し、同胞の市民に「楽器、ガスマスク(スモッグ用)、バナー、看板、自転車、ローラーブレード、車椅子、キッチンのシンクを持ってきて、車のない未来への道を切り開くのを手伝ってほしい」と呼びかけた[46]。この初期の仕事がリバーに着想を与えて、パークレットの前身であるパーキングデーを考案したかどうかは定かではない。

伝えられているところによれば、2005年にサンフランシスコのデザイン事務所リバーのリーダー2人が昼食時に外出し通りを渡って、メーター制駐車スペースにミニパークを設置し始めた。ベンチを用意し、人工芝マットを敷き、木陰をつくる木を置いた。できあがり！　たった1つのメーター制駐車スペースが仮設の公園になった。駐車監視員の女性に「何をしているのか」と聞かれたので、「メーターにお金を入れて借りたスペースを使っているだけだ」と答えた[47]。「メーターが切れると、私たちは人工芝マットを巻き上げ、ベンチと木を片づけ、ブロックをきれいに掃除して、立ち去った」と主宰するブレイン・マーカーは言った[48]。規則を破って「後で許しを請う」のは、タクティカル・アーバニズムの常套手段だが、リバーは、「制度の抜け穴を利用する」という別のよくある戦略を用いた。駐車料金を支払っているかぎり、公園としてスペースを使用することは「不可」とはどこにも書かれていなかった。主宰者のブレイン・マーカーによると、「事前に規約を調べていたので、それは知っていた……法律違反はしていなかった。自分たちの行動が合法であることはわかっていた……法的な抜け穴を利用して……意見を述べた」そうだ[49]。

この戦術的《ディペーブ》な介入はパーキングデーと名づけられ、数週間のうちに最初の介入の写真がウェブ上に拡散された。リバーは、他の都市でパーキングデー・プロジェクトを開催してほしいと数十

上：最初のパーキングデー、サンフランシスコ。
下：ノリエガストリートのパークレット、サンフランシスコ。
(Project and image by Rebar Group)

件の依頼を受け、対応し始めた。「同じインスタレーションを再現するのではなく、このプロジェクトを『オープンソース』プロジェクトとして広めることにし、リバーが積極的に関与しなくても人々が自分の公園をつくれるようにするハウツーマニュアルを作成した[50]」。

彼らの言葉どおり、その後の話は有名だ。数年後、サンフランシスコ市は、リバーが構想した駐車場から公園への変換で、地元の企業や不動産所有者と協力して、今では有名なパークレットプログラムを立ち上げた。サンフランシスコは独自の課題を抱えているが、社会活動家やアーバニストは、「他のあまり進歩的ではない状況でパーキングデーの精神をどのように他の場所で活用し、現在サンフランシスコで見られる規模で長期的変化を生み出せるのか」と問いかけている。

04-3

パークレットの始まり

パーキングデー（Park(ing) Day）は現在、9月の第3金曜日に世界中の数百の都市で毎年開催されるイベントであり、タクティカル・アーバニズムのこのささやかな祝典は、数々の波及効果や恒久的なパイロットパークレットプログラムを生み出した。サンフランシスコ市は、「道路空間の公園化（Pavement to Parks）」プログラムにパークレットのアイデアを用い、あまり使われていない街路を再生し、低コストの公共広場と公園に変換した[a]。サンフランシスコ市はまた、承認されたパークレットを市内で計画するために、見た目もきれいで使いやすいガイドとして、サンフランシスコ公式「道路空間の公園化マニュアル」を作成した。このマニュアルで念押ししているのは、パークレットはあくまで公共のものだから、ショッピング、食事、近くの行きつけの店に行くなど目的は何であっても、すべての通行人に対して友好的にしようということだ。

サンフランシスコには現在40以上のパークレットがあり、さらに多くのパークレットが提案され許可申請中だ。その後、このプログラムに影響を受け、フィラデルフィアからミシガン州グランドラピッズまで多くの都市が独自のプログラムを開発した。

たとえばニューヨーク市では、ロウアーマンハッタンの店主のグループが交通局に手紙を送り、店舗近くの駐車スペースに公共の席を設置する許可を求め、パークレットが最初にテストされた。市のガイドラインの定義では、歩道が狭すぎるため、どの店舗も伝統的な歩道沿いのオープンカフェにできなかったのだ。市は店舗と提携し、サンフランシスコのプランナーから実施のアドバイスを受け、パークレットを設置することに成功した。最初の「ポップアップカフェ」は2010年にロウアーマンハッタンのパールストリート沿いに設置された[b]。交通局の都市計画家エドワード・ジャノフは、以下のように説明した。「パークレットは、都市の街路は常に同じ機能でなくてもよいという市が強調しているメッセージに実によく合っている。あそこがコンクリートとアスファルトで設計されているからといって、ここも同じものを使う必要はない。街路を運転することもあれば、歩くこともすわることもあるから、柔軟に対応できるんだ[c]」。

各常設のパークレットの推定総額は都市によって異なるが、許可料とメーター料金を含め、最大2万ドルに達する可能性がある[d]。ニューヨーク市とロサンゼルス市はどちらも、金銭的余裕がない店舗がデザインコストを節約できるように、図解デザインを提供してい

上：パークモバイル搬送中。（Project by CMG Landscape Architecture, image by Julio Duffoo）
下：パークモバイル使用中。（Project and image by CMG Landscape Architecture）

る。許可を受けて公共権利通路に設置するのと同様に、パークレットには、許可申請、設計ガイドライン、コミュニティ承認手順、各都市に固有の賠償責任保険条項が必要だ。

パークレットから派生した注目すべきものは、２０１１年にサンフランシスコのイエルバ・ブエナ・ベネフィット地区で最初に提案されたパークモバイルだ。パークモバイル（移動式公園）は、建設廃棄物ゴミ収集箱《ダンプスター》を小さな緑の都会のオアシスに変換したものだ。もちろん、パークモバイルの目的は固形廃棄物を処理することではなく、地区全体に公共のアメニティを提供することだった。その創造的な介入は、市の許可を利用し、パークモバイルを路上駐車スペースに6カ月間置いた後、他の場所に移動させることができた。この「許可ハック」は、提唱者が「イエルバ・ブエナ地区の次世代パブリックスペースのビジョンとロードマップ」と呼ぶ10カ年戦略計画の完成後に、即時（および移動式）の利益をもたらす方法として考案された。戦略計画には36のプロジェクトが含まれ、ＣＭＧランドスケープ・アーキテクチャー主導で、地区全体の近隣住民や企業が参加した。その他の取り組みには、歩道の拡幅、安全島のある横断歩道、裏通りを一時的に広場や歩車共存道路に変換することなどがある。

市から許可を得て、パークモバイルは6カ月ごとに近隣を転々とし、よりダイナミックなまち並みを生み出すだけでなく、行く先々で利益（緑、休憩所）をもたらしている。そうすることで、快適な歩行者体験の重要性が強調され、植物と椅子が人々にとって魅力的な環境をつくるうえで果たす重要性が認識されるのだ。この取り組みは、小さくて流動的な方法で、より大きな都市景観を改善するというサンフランシスコの伝統に対するオマージュである[e]。

パークレットのストーリーを見ると、よいアイデアが都市から都市へと一気に広がった様子がわかる。サンフランシスコ市交通局のエド・レイスキン局長が当時語った。「ジャネット（・サディク＝カーン）がやって来て、ニューヨークでの活動を話してくれたとき、目から鱗《うろこ》が落ちるような思いがした。この公共権利通路を変換する手法はいろいろあって、広場やパークレットなどの方法をとれば、はるかに迅速かつ簡単に実施できるし、将来の長期的で恒久的な仕事の素地にもなり得るだろう[f]」。

a. UCLA Toolkit, "Reclaiming the Right-of-Way: A Toolkit for Create and Implementing Parklets," *UCLA Complete Streets Initiative*, September 2012, Luskin School of Public Affairs.
b. 同右
c. 同右
d. 同右
e. "Parkmobiles," Conger Moss Buillard: Landscape Architecture, http://www.cmgsite.com/projects/parkmobiles/.
f. Mariko Mura Davidson, "Tactical Urbanism, Public Policy Reform, and 'Innovation Spotting' by Government: From Park（ing）Day to San Francisco's Parklet Program," Bachelor's thesis, Saint Mary's College of California, 2004, http://dspace.mit.edu/bitstream/handle/1721.1/81628/859158960.pdf?sequence=1. Robin Abad Ocubillo, "Experimenting with the Margin: Parklets and Plazas as Catalysts in Community and Government," Thesis, USC School of Architecture, University of Southern California, 2012, https://issuu.com/robin.abad/docs/experimentingwiththemargin_abadocubillo2012_; Peter Cavagnaro, "Q & A: Bonnie Ora Sherk and the Performance of Being," Nabeel Hamdi, *Small Change: About the Art of Practice and the Limits of Planning in Cities*（London: Earthscan）; Jeffrey Hou, *Insurgent Public Space: DIY Urbanism and the Remaking of Contemporary Cities*（Florence, KY: Routledge, 2010）; *Parklet Impact Study*: The Influence of Parklets on Pedestrian Traffic, Behavior, and Perception in San Francisco,April–August, 2011, San Francisco Great Streets Project（2011）, San Francisco, CA.

ベイフロント・パークウェイとマイアミのパーキングデーの影響

ここ10年間でマイアミの中心街は住宅が著しく増加し、60年間成長が見られなかった9時から5時の環境は、活気に満ち密度の高い都市部の地域に変わった。成長は確かに市に利益をもたらしたが、2つの根本的な問題が露呈した。利用可能でアクセスのよいオープンスペースが不足していること、開発が急激に進んでも都心を囲む近隣の多くは恩恵を受けていないことだ。

これら2つの問題が顕著な地区として、マイアミの中心街北端に隣接するオムニ／パークウェストがある。この地区は不動産投資家が所有する空き地や平面駐車場が多く見られ、開発ブームからこぼれ落ちてしまったようだ。しかし、交通機関へのアクセスがよくビスケーン湾にも中心街にも近いため、わずか数ブロック先で見られるような投資の対象になるのも時間の問題だった。そうはいっても、市民や地元の社会活動家は待ちくたびれ、オープンスペースの需要を満たしながら都市の衰退と闘うためにタクティカル・アーバニズムに着目した。それぞれの介入は、二番煎じのものもあったが、人口増加する中心街に公園スペースを増やす短期的な必要性を明確に示した。

これらの取り組みのリーダーは、デベロッパー兼活動家のブラッド・ノフラーで、元はニューヨークでヘッジファンドマネージャーをしていたが引退していた。長年ヨーロッパで暮らした後、1990年代後半にマイアミに引っ越した。その後はコンパクトで歩行者型のアーバニズムの経験を市にもたらし、2000年代前半の好景気の時期に、オムニ／パークウェスト地区の象徴的なコッパートーンビルやグランドセントラルビルなど、マイアミ周辺の一連の小さな歴史建造物に投資して開発に挑んだ。

ノフラーの開発へのアプローチは、不動産だけにとどまらなかった。ノフラーにとって、近隣住民が協力して建物を改善しなければ、開発が本当に成功したとは言えなかった。実際にノフラーは、荒廃した地所に注意を引くために、さまざまな創造性あふれるDIY戦術を展開していることで知られ、伸び放題の雑草にスプレー塗装する「ウィードボミング」で、放置に対して注意喚起した。

ノフラーの市民感覚を表すもう1つの例は、2008年に取り壊された旧マイアミアリーナの敷地を変換するというアイデアだった。2万2334平方メートル(5エーカー)の敷地は、ビスケーンブルバードから数ブロックで、グランドセントラルビルのノフラーのアパートの真向かいにある。近隣の他の多くの不動産と同様に、所有者は当分建設するつもりはなく、解体後2年間、瓦礫の山が敷地内に残っていた。瓦礫の向こう側は敷地がかなり広く、待望の公園ができるだろう、とノフラーは思った。

ノフラーは近隣の改善に取り組み続け、2011年にストリート・プランズと提携してマイアミの旧アリーナの敷地の真正面でパーキングデーを開催した。このイベントは、市全体で話し合いを始めることを目的としていたが、たまたまその場所が選ばれたわけではなかった。パーキングデーは大成功を収め、数百人の住民と地元のステークホルダーが参加した。近隣住民の反応を見て、空き地になったアリーナの敷地を誰もが楽しめる公園に変えるというノフラーのビジョンはさらに刺激された。

情熱的で疲れを知らないノフラーは、公園をグランドセントラルパークと名づけ、公園を実現する方法を研究し始めた。そこで、ニューヨークのランドスケープ・アーキテクチャー会社LOCALと提携すると、この会社はプロボノ活動［訳注：専門知識をもつ人が無償で社会活動に参加すること］としてデザインとプランニングサービスを提供してくれ、安価な熱可塑性舗装材料とさまざまな自生する木々や造園技術を駆使して公園を設計した。造園に加えて、ノフラーとそのチームは、瓦礫が積まれている現場を片づける方法を見つけなければならない。これは簡単なことではなかった。

ノフラーはこのプロジェクトはよいアイデアだとマイアミ市を説得し、デベロッパーが建設計画を進めることにするまで、土地所有者から敷地を借りる許可を得た。ノフラーにとっての課題は、支払い契約をした高額のリース料を賄うため、ポップアップパークから十分な収益を得る方法を見つけることだった。

公園は2年間続いた後、不動産が新しいデベロッパーに売却され、グランドセントラルパークは解体された。とはいえ、2年間で公園は賑わいを取り戻した。開催されたたくさんのイベントは大成功して注目を集め、ノフラーの費用の一部を負担した。そして、仮設の公園は決して常設

旧マイアミアリーナの敷地（Brad Knoefler）

にはならなかったものの、数年間、周辺地域の環境を改善できた。そして、退去させられたにもかかわらず、公園の面影は残り、開発のために以前の瓦礫の山よりはるかによいものに置き換えられている。

マイアミ初のパーキングデーが長く続く影響を及ぼしたのは、グランドセントラルパークだけではなかった。市は独自のパークレットプログラムを進め、地元の都市計画家は触発されて、マイアミのビスケーンブルバードにポップアップ仮設公園のアイデアを持ち込んだ。

仮設のグランドセントラルパークの3ブロック東に、ビスケーンブルバードがある。１９２６年に建設されたヤシの木の壮大な並木道は、時間の経過とともに

グランドセントラルパークグループの植林、マイアミ。（Local Office Landscape and Urban Design）

8車線の州道に変わった。同じモニュメントやヤシの木が残っているが、市内で最も有名なオープンスペースであるビスケーンパークからマイアミ中心街を切り離す周囲の駐車場と巨大化した道路のせいで、悲しいことに今は小さく見える。

その後、市街地開発局（ＤＤＡ）による２００９年市街地マスタープランをはじめ、街路を元の壮大な状態に戻す計画が立てられた。計画はほとんど進まなかったが、２０１１年に、地元の都市計画家ラルフ・ロサドは、タクティカル・アーバニズムの介入であるパーキングデーとグランドセントラルパークに影響を受けた。彼はパーキングデーの背景にある考え方は称賛した

マイアミのグランドセントラルパーク、夜景の航空写真。(Local Office Landscape and Urban Design, photo by Derek Cole)

が、パークレットのコンセプトを用いて、ビスケーンブルバードをもっと永続的な形で変革したいと考えた。仕事のなかでロサドは、中央をヨーロッパ風のランブラス〔訳注：並木の遊歩道。バルセロナのランブラス通りが代表例〕に変えるというDDAの計画に偶然出くわした。こうしてベイフロント・パークウェイの構想が浮かんだのだ。

以前の計画と同様に、DDAのビジョンは、従来の都市計画パラダイムのもとで開発された。一連の大規模プロジェクトが含まれ、莫大だが無きに等しい経済的および政治的資本を確保しなければならない。この計画には、大通りの幅約30メートル(100フィート)の中央駐車場を公園に変えることが含まれていたが、これにはさまざまな利益相反を調整しなければならず、駐車場を管理するマイアミ駐車場管理局から土地を購入するか、借りる予定だった。

暫定的な見積もりでは、600台分の駐車スペースがある6つの中央駐車場の収益は、年間約700万ドルで、言うまでもなく公園の建設は数百万ドルを上回る可能性がある。多くの選出議員はこの用地のビジョンは高く評価したものの、駐車スペースから市が得る年間歳入700万ドルを犠牲にする政治的意志がある人はほとんどいなかった。

ロサドはプロジェクトの支援と共同管理を求めて、ストリート・プランズと協力し、即座に影響を与え恒久的な変化を起こすための支援を確立する方法で、ベイフロント・パークウェイのビジョンを実施することになった。

私たちはいっしょに、6つの中央駐車場の1つでポップアップパークの実証実験の計画を立てた。彼らは数棟の新しいタワーマンションに一番近い街区を選択し、マイアミ財団やマイアミ・デイド郡文化問題助成金プログラムをはじめとするさまざまな団体から1万ドルを集めた。その大部分を使って、マイアミ駐車場管理局から1週間駐車スペースを借りた。芝生から椅子、傘まで、あらゆるものを現物寄付で使用した（介入後にすべてが寄付または返却された）。そして、毎朝、地元の消防署と消防車で芝生に水をやるという取り決めがなされた。これらすべてにかかった費用は、マスタープランの策定と1週間のシャレットを行った場合に比べてごくわずかだった。

地元の建築家、都市計画家、アーティストを交えて、プロジェクトを導くために運営委員会が設立された。そのおかげで、仕事の分担、リソースの確保、何より幅広い人々のグループが構築できた。人々はその人脈を活かしてプロジェクトを推進するだけでなく、当事者意識も持った。公園が成功するか否かは自分たちにかかっていて、長期的支援と政治的意志を構築するためのスマートな戦略に役割を担っているように感じたのだ。運営委員会の依頼で、地元の人気アーティスト、リチャード・ガムソンは、イベントのロゴやプロモーション資料をデザインし、写真家のアナ・ビキックは、設営から撤収までイベントを記録した。

スペースを借りるというハードルがクリアされると、委員会は、さまざまな活動に全面的許可を与える特別イベント許可の形で、1週間のイベント開催許可をもらう必要があった。

プロジェクトチームは、設営に1日、撤収に1日、オープンスペースでのプログラム開催に残り5日間を割り当てた。集まった協力者らによって、ゴスペルコンサートからキッチンカー、公園で開催される演劇クラスまで、さまざまなプログラムが開催された。

このプロジェクトは大成功を収め、DDAの提案を何も知らなかった数百人の地元住民をはじめ、数千人が訪れ、支援した。いよいよ中央駐車場を永久に変えるときが来たのだ。公園に現れて支持を示した公務員も多かった。イベントの来場者が口々にたずねたのは、「これは常設ですか?」だった。プロジェクトの撤去を嘆く手紙が市政委員の地方事務所に殺到したが、それはいくつかの望ましい結果の一つだった。

DDAは介入以降、街路の計画に取り組み続け、駐車場を閉鎖するために多くの選択肢を考えている。市長や他のステークホルダーと協力して、路上駐車、減速する設計、車線の減少、歩行者や自転車のための交差点の改良をはじめ、街路を設計し直すためにフロリダ交通局との交渉を開始した。最近、DDAは全会一致でデザイン案の承認に踏み切った。実施するための資金が調達できれば、将来的なデザインの基礎となるものだ。

このプロジェクトは、市の駐車場の見直しを考えている他の都市の参考になる戦略として全国的な見出しを飾ったが、その長期的な影響はまだ見られない。このプロジェクトの最大の成功の1つは、大通りそのものの変化にあるのではなく、パートナー団体の1つであるマイアミ財団の変化にあった。これは財団がパブリックスペースに助成金を支給した最初のプロジェクトで、2013年にパブリックスペース・チャレンジを設立するに至った。それ自体はタクティカル・アーバニズムのコンペではないが、そこで選ばれた許可と無許可の線引きがあいまいな15のオープンスペースプロジェクトに、年間20万ドルを支給する。わずか2年で、十数の創造性あふれる低コストのパブリックスペース介入を生み出してきた。なかでも、ベイフロント・パークウェイで好結果を残した活動の1つであるファーマーズマーケットは、長期にわたって継続している。

マイアミのパークレットとパークメイキングのストーリーは、まだ継続中だが、異なるアイデアの融合は、タクティカル・アーバニズムの要である。アイデアが市から市へ、そして市内で広がるにつれて、ボトムアップの市民主導のアクションは知れわたり、きわめて困難な状況でも制度を根本的に変える力を持つのだ。

道路空間の広場化（Pavement to Plaza）

数年前まで、街路は50年前と同じに見えた。何かを50年間刷新《アップデート》しないなんてとんでもない！　私たちは、人々の今の暮らしを映し出すように、街路を刷新している。そして、車のための都市ではなく、人々のための都市を設計している[51]。

——ジャネット・サディク＝カーン（元ニューヨーク市交通局長）

プロジェクト名：ニューヨーク市プラザ・プログラム
開始年：２００７年
開催場所：ニューヨーク市
リーダー：ニューヨーク市交通局、ビジネス改善地区（ＢＩＤ）
目的：低未利用のアスファルト空間を活気に満ちた社会的なパブリックスペースに転用すること。
事実：２００７年から２０１４年までに、ニューヨーク市交通局は59の新しい公共広場をつくり、仮設材料を使って16万平方メートル（39エーカー）のアスファルト面を別の用途で使った[52]。

2009年の週末にタイムズスクエアが、折りたたみ式アウトドアチェアとロードコーンを使って変換されたことを、この本の冒頭で紹介した。読者の皆さんは、一時的な早変わりが祝日の週末を超えてどれくらい続いたのか、疑問に思ったかもしれない。あるいは、いろいろ推測しただろう。仮設の椅子はすべて盗まれてしまったのではないか？　マンハッタンのミッドタウンはすでに渋滞がひどかったのに、さらに悪化して、プロジェクトが頓挫したのではないか？　あるいは、店主、タクシー運転手、配達員が、企業幹部や劇場経営者と一団となって、いわゆる「世界の交差点」で路肩に停車できなくなったと文句を言っているのではないか？　確かに、このような懸念を耳にした人もいるだろう。そして、他に多くの懸念があるせいで、ニューヨーク市にパブリックスペースを増やすためのこうした斬新なアプローチが妨げられているのだろうか？

そんなことはない。

2014年夏の時点で、ブロードウェイの五つの街区のうち二つは常設の公共広場にするために工事中だ。残りの3ブロックは2015年までに完成予定だ。これらのプロジェクトは、さらに大きなプロジェクトの成果である。これは「グリーンライト・フォー・ミッドタウン」と呼ばれ、セントラルパークからユニオンスクエアまで伸びるブロードウェイ沿いの2車線を、仮設材料を使って公共広場と交通分離自転車レーンに変換したものである。2009年5月以降、ブロードウェイからダッフィースクエア、タイムズスクエア、ヘラルドスクエアまでの区間は、市内循環

タイムズスクエアの常設工事中。（Mike Lydon）

交通を除き、車の通行が禁止されている。

グリーンライト・フォー・ミッドタウンは、1万8580平方メートル（20万平方フィート）の新しいパブリックスペース（サッカー場3・5個分の広さ）を再生するために設立され、2009年の夏と秋に評価される6カ月のパイロットプロジェクトとして実施された[53]。傘付きの可動式椅子とテーブルがすべての広場に配置され、緑でいっぱいの安価で弾力性のあるプラスチック製プランターは、タイムズスクエア・アライアンス、34thストリート・パートナーシップ、フラットアイアン・23rdストリート・パートナーシップをはじめとする地元BIDが手入れすることになった。これらの団体はその後、さまざまな社会的、文化的、芸術的なプログラムを行って、再生したスペースに賑わいをもたらした。

タイムズスクエアの折りたたみ式アウトドアチェアは、2009年8月まで続いた後、パブリックアートプロジェクトに再利用されたり、お土産として希望者に配られたりした。代わりに使われたのは、前より耐久性がありながら安価な折りたたみ式テーブルと椅子だった。タイムズスクエア・アライアンスのティム・トンプキンス会長は、意図的にキッチュなものにした椅子について懐かしそうに語った。「人々は実際に椅子に腰を下ろして意思表示をしてくれた。立派に、そして意欲的に奉仕してくれた[54]」

ニューヨーク市交通局は、ミッドタウンの新しいパブリックスペースへの当初の関心は、長期的に幅広い政治的および公的支持を集めるのに十分ではなさそうだと実感し、プロジェクトのパイロット段階の影響を測定し始めた。交通局は、衝突統計とタクシーが搭載しているGPS装置を使って調べてみると、ミッドタウンは渋滞が緩和され、移動時間が短縮されただけでなく、運転手や乗客のけがが63%減少し、歩行者のけがが35%減少したことがわかった[55]。その結果、タイムズスクエアで歩行者の通行が11%、ヘラルドスクエアで6%増加し、小売売上高の増加が見込まれることがわかった。

好結果を得て、マイケル・ブルームバーグ市長は2010年にこのプロジェクトが常設になり、2012年に建設を開始すると発表した。常設のデザインの完成予想図は、2011年にデザイン会社スノヘッタ（Snohetta）が作成したが、市とBIDパートナーはプロジェクトの影響を測定し続け、プログラムの量を増やし、タイムズスクエア広場をパブリックアートの巨大なキャンバスにした。

2013年末までに、このプロジェクトの累積的な影響により、歩行者の交通量は15%増加し、1日当たり40万人を超え、交通外傷は減少し続け、移動時間は改善した。最後に、現在進行中のタイムズスクエアのリデザインにより、この地域のテナント料は過去最高の180%上昇し、初めて世界で最も価値ある商業地トップ10に入った[56]。

タイムズスクエア・プロジェクトは、市の「道路空間の広場化」プログラムの最も顕著な例であり、これがうまくいったため、交通局は市全体に拡大する許可を得た。他の58の歩行者広場でプロジェクトが実施中であり、一時的な歩道の拡幅、中央分離帯、即時に安全上の利点をもたらすその他のストリートデザインの機能に拡大されている。未来を見据えたリーダーシップと低コストの材料の賢い使い方は、反復的で柔軟な実施プロセスとともに、プロジェクトの特徴をなし、市のリーダーがどのようにタクティカル・アーバニズムを有効利用できるかを例示している。

2013年12月、退任のわずか数日前のテープカットセレモニーで、サディク＝カーンは「革新的なデザインと少しの塗料で、街路を素早く変えてすぐに利益が出せることを示した」と宣言した[57]。

グリーンライト・フォー・ミッドタウンが成功したため、サディク＝カーンはアメリカで最も独創的なシティビルダーの1人としてのレガシーを確立した。といっても、ニューヨーク市で戦術家として自治体のアプローチを創始したのは、１９９０年代半ばにロウアーマンハッタンで、歩行者の環境の安全性を高めることを最初に任務とした交通局職員の小グループだった。

ニューヨーク市の広場改善の略史

連邦政府は助成金交付により地方分散化を推し進める政策をとったが、その後の社会動向は、第二次世界大戦後にアメリカの都市に打撃を与え始めた。都市住民が郊外に移転し、アメリカ人が運転する必要性が高まった。その結果、交通エンジニアだけでなく、プランナー、政治家、そして道路で立ち往生しているほぼすべての人まで、大渋滞のことだけで頭がいっぱいになった。多くの都市と同様に、ニューヨークは増え続ける自動車を収容するために道路の容量を増やすことで対応した。ニューヨークは、大都市圏全体の高速道路建設と並行して、できるかぎり歩道を狭くし、車道を広げ始めた。市はまた、車両の衝突や渋滞を減らそうと考えて、マンハッタンのアベニュー（南北）に見られた対面通行を一方通行に変えた。

１９６０年代初頭までに、ブロードウェイの一部を含むほとんどすべてのアベニューに対してこの現代的で交通工学的な処置が施された。１９６６年までに、コロンバス・サークルの南にあるブロードウェイ全域は一方通行の南行きの大通りとなった。この変更によってミッドタウンを通る渋滞を緩和する計画だったが、実際には逆効果だった。そのおかしな角度と南行きの交通の流れのせいで、ブロードウェイが別の南北のアベニューと交差するたびに交通渋滞が発生した。なかでも、ヘラルドスクエアの北行きの6thアベニューは最悪だった。これに対して、タイムズスクエアは南向きの車線が同時に進行するため、歩行者用横断歩道の信号が長くなった。

市は路上に収容する車の台数を増やす試みと同時期に、郊外のショッピングセンターに対抗するためだけに、一部の都市街路を歩行者専用に再設計していた。メインストリートに歩行者の流れができ屋内モールのように快適にすることで、急速に衰退している地区の活性化に役立てようという考えだった。ロベルト・ブランビラとジャンニ・ロンゴは、1977年の著書『歩行者空間の計画と運営』で、「歩行者専用モールは、アーティストの目でつくられた都会の牧歌的風景ではなく、いくつかの差し迫った都市問題に対する実用的な解決策である」と書いている[58]。1955年から1980年の間に、アメリカの大小の都市で200以上の商店街が歩行者専用道路に変換された。1960年代を通じて環境活動が拡大するにつれて、歩行者専用道路は、小売売上高の低迷と同様に車依存の高まりによる悪影響と闘う方法だと考えられるようになった[59]。

第3章で述べたように、地域計画協会は早くも1969年にタイムズスクエアとブロードウェイを歩行者天国にすることを構想していた。しかし残念なことに交通量が増加していた時代に、アメリカで最も密集した街路の一つを通行止めにするのは政治的に手間がかかったので、受けが悪かった。この戦略に欠けていたのは、必要な戦術と、40年後に取り組みを大成功に導いた人口統計学的、経済的、社会的な条件だった。

ペイリーパーク［訳注：当時のテレビネットワークCBS会長のウィリアム・S・ペイリーがつくった私設公園］は、ニューヨーク市にある個人所有のパブリックスペースの好例である。（Aleksandr Zykov）

当時実施された歩行者専用モールのほとんどは、中心街の支援者が望んでいた救い主にはならなかった。それどころか、多くはメインストリートの商業の衰退を早めたと非難され、それ以降、車両の交通が再開された（200以上の歩行者専用モールのうち約75が今日も残っている）。といっても、失敗の背景にある要因は、あまりにも単純化されている場合が多い。メインストリートの敗因は、車の優先順位が下がったからではなく、経済の変化と社会動向がはるかに深刻で、投資、住宅地人口、ストリートレベルの活動が他の場所で促進されたからだ。

市が実施したそれ以外のプログラムは、他の場所でのパブリックスペースの開発を後押しした。実際に、ニューヨーク市都市計画局が発表した1961年のゾーニング決議の採択は、建物の内部または周囲にパブリックスペースを追加することと引き換えに、デベロッパーに密度という特典をもたらした。このプログラムは発展し、広場、アーケード、都市広場、住宅広場、歩道の拡幅、野外コンコース、屋根付きの歩行者用スペース、ブロックアーケード、サンクンガーデンなどが含まれた[60]。デベロッパーは皆、歩調を合わせたので、ニューヨークで民間が所有および管理するパブリックスペース（POPS）プログラムが始まった。今日、「ウォール街を占拠せよ」で有名なズコッティ公園をはじめ、合計約33万平方メートル（350万平方フィート）以上の500カ所を超えるPOPSエリアがある。

このプログラムのおかげでパブリックスペースが増えたのは間違いないが、量と質は必ずしも同等ではない。実際に、POPSプログラムの欠点は、ウィリアム・ホワイトの独創的な『The Social Life of Small Urban Spaces（小さな都市空間の社会生活）』（1980年）のテーマとなり、よく使われ安全で楽しいパブリックスペースを構成するものについての詳細な調査となった[61]。ホワイトの考え方は、民間が建設し維持しているパブリックスペースの改善に役立ったのは確かだが、都市の商業地域以外の場所や、アメリカで最も歩行者に優しく交通手段が豊富な都市でますます車中心になっていく街路に、そのようなアメニティを提供するという課題に完全に対処したわけではなかった。

パイロットテストを実施する

「グリーンライト・フォー・ミッドタウン」プロジェクトが始まる前の1990年代後半、ニューヨーク市はパブリックスペースとストリートデザインへの時代遅れのアプローチを刷新するために、小さく漸進的なステップを踏み始めた。これらの小規模な実験プロジェクトは、都市全体で一時的なプロジェクトを実施するうえで貴重だった。

このとき、交通局の歩道のプランナーだったランディ・ウェイドは、1997年に任命されて、ロウアーマンハッタン歩行者専用道路化調査を実施した。通常の状況下では、資本構成プロジェクトを実施するためには10年間のプロセスが含まれる。しかし彼には、より早くより安く実施するという強い政治的意志があった。この指令を受けてウェイドはホワイトホールストリートを恒久的なインフラではなく、安価で簡易的な材料で狭くし、市の標準的なジャージーバリア〔訳注：中央分離帯や車止めなどに用いられるモジュール式の車両防護柵〕を使って約186平方メートル（2000平方フィート）の直線形の中央分離帯の花壇をつくった。バリアはバッテリー・マリタイム・ビルディングに合うように青磁色に塗られ、コンサルタントのゲイル・E・ウィットワーは白樺と松の小さな森をつくった。プロジェクトチームはまた、新しい視認性の高い横断歩道に隣接する歩行者スペースの境界をさらにはっきり示すために、大型だが安価なプラスチック製プランターを注文した。チームは厚かましくもこのプロジェクトをかつて王室が所有したロンドンの庭園にちなんでホワイトホール・ガーデンズと名づけた。

ホワイトホール・ガーデンズで低コストの材料を効果的に使って勢いづいたチームは、近くのコエンティーズ・スリップ（Coenties Slip）を狭くするのに同様のアプローチをとった。かつては海運に使われていた入り江だったが、1835年に埋め立てられて道路に変わった場所だ。1ブロックの区間はロウアーマンハッタンの大半の街路よりも道幅が広く、車の通行に全くと言っていいほど適していなかった。ウェイドは、スペースの多くを人々のために再生することを目的として、ジャージーバリアで歩行者を保護するという推奨を無視し、以前の橋のプロジェクトで残った花崗岩のブロックを置いて新しいパブリックスペースの位置を指定した。これらの長方形のブロックは、人々を交通から守るための別の迅速かつ簡単な方法であるだけでなく、人々が腰かける場所にもなった。ダウンタウン・アライアンスにとっておそらくもっと重要なのは、BIDがスペースのメンテナンスを任されたものの、新しい「椅子」はメンテナンスがほとんど不要だったことだ。ダウンタウン・アライアンスのアン・バッテンウィーザーは、アーティストのジェームズ・ガーベイを起用し、さらにストリートファニチャーを手づくりしてもらった。ポップアップ・パブリックスペース・プロジェクトの最後に加えられたのは、近くのホワイトホールストリートで見られたのと同じ耐久性がありながら安価なプランターだった。

短期的な改善によって、コエンティーズ・スリップの約50％が人々のために再生されると、特にオフィス街のランチタイムに人々が集まってあっという間に人気になった。このプロジェクト

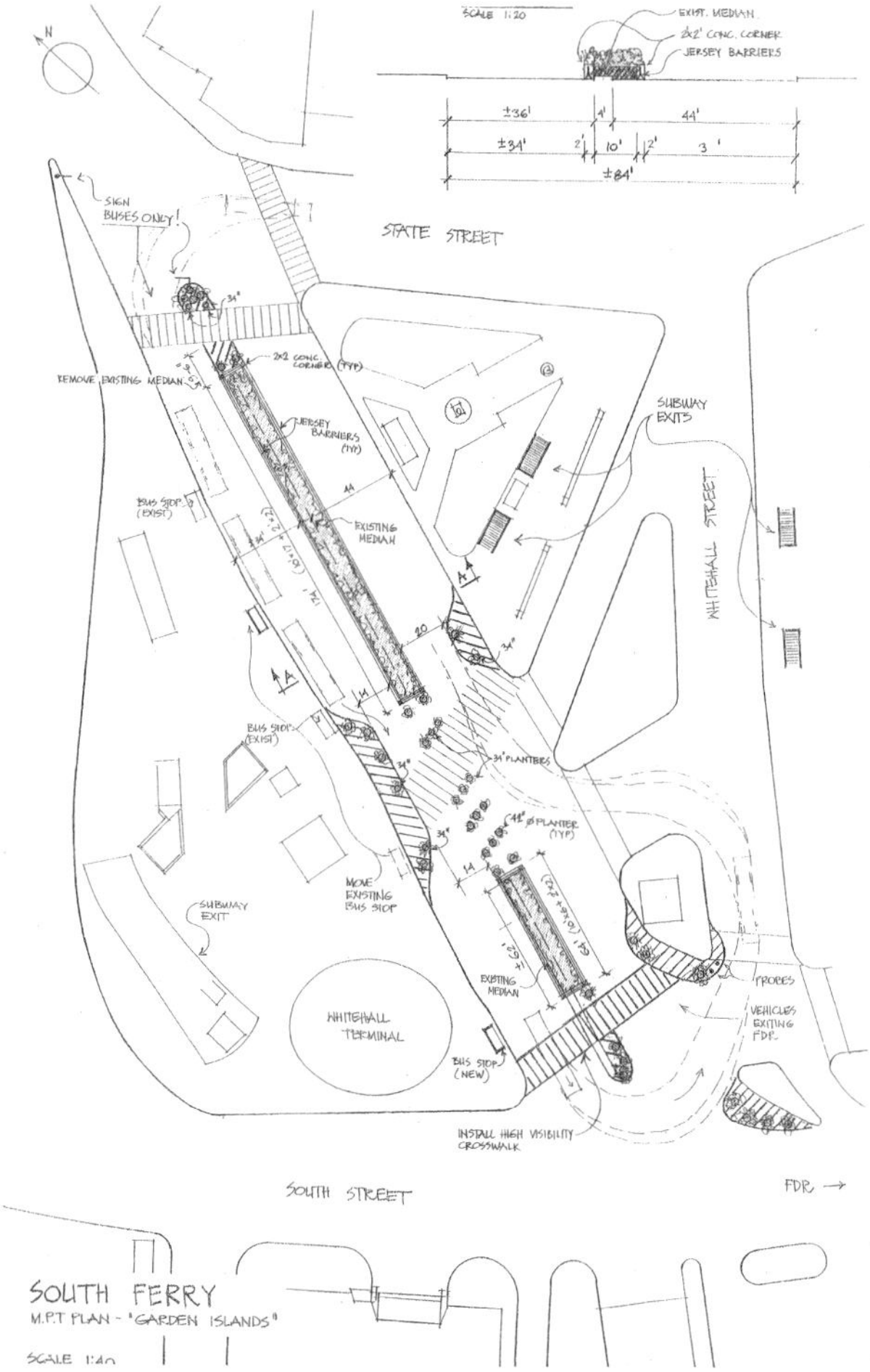

ホワイトホール・ガーデンズ平面図。(New York City Department of Transportation)

広場が整備された現在のコエンティーズ・スリップ。（Myke Lydon）

が成功したため、2004年に交通局は長期的な設備投資を行い、常設の材料でスペースをさらに変えた。

パブリックスペース開発に対するこの先駆的なアプローチは、典型的なタクティカル・アーバニズムだと考えられている。今日のニューヨーク市では標準だが、「仮設から常設へ」のアプローチは、当時は他の地域では全くと言っていいほど注目されなかった。興味深いことに、コエンティーズ・スリップの残りの半分は、最近、市の現在のプラザ・プログラムの対象になっていて、この章の執筆時点で、簡易的な車止め、プランター、ペイントのみを使用して車両を完全に通行止めにした。

コエンティーズ・スリップ・プロジェ

クトの完了後、ランディ・ウェイドとその交通局の仲間は２００６年に呼び戻された。今度は、閑散とした街路が次の対象とされていたブルックリン中心街で、安価な既製品を使って歩行者広場をつくることになった。この頃には、ウェイドとその仲間はすべきことがわかっていた。交通局チームはメトロテックＢＩＤと提携し、折りたたみ式テーブルと椅子、傘付きのテーブルと椅子のユニット、プラスチック製プランター、奇抜な自転車ラックなど、仮設の材料を使って別の歩行者広場をつくり出した。設置場所は、ウィロビーストリートの交通量の少ない街区で、ブルックリン中心街のジェイストリートとアダムズストリートに挟まれたところだ。「道路空間の広場化」というアイデアが、都市全体を安全にしてパブリックスペースを改良するスケーラブルなアプローチとして理解され始めたのはここだった。

その後すぐに、このアイデアは市内各所に急速に拡大し始め、２００７年にマイケル・ブルームバーグ市長と市の25部局が主導する、持続可能性と生活の質に関する重要な取り組み「ニューヨーク市長期計画（PlaNYC）」に含まれた。PlaNYCが採用した後、市は、マンハッタンのミートパッキング地区の北端にある9thアベニューの区間（ウェスト13thストリートから16thストリートまで）で新たに「道路空間の広場化」プログラムを行い、交通局は9thアベニューと14thストリートが交わる厄介な交差点で広範囲のアスファルト面を再生させた。このプロジェクトは、パリのチュイルリー公園で使われている砕石砂利の物質性と美学から着想を得た。ウェイドは、橋に滑り止めの粘着摩擦を施すために使うエポキシ樹脂が、広場空間をつくる予定のアスファルト面に転用できることに気づいた。こうして、魅力的でメンテナンスがしやすく滑らない環境が実現した。ウェイドによると、「エポキシ樹脂と天然砂利を混ぜたものをインターネットで見つけ、ベージュ色のまだら模様を選択して、むき出しの路面より歩くのに涼しく、本当に魅力的で低コストの表面処理を施した」という。

ウェイドによると、ロウアーマンハッタンのパブリックスペースの強化にチームがとった最初のアプローチは、仲間のニューヨーカーは言うまでもなく、ほとんどの交通局職員もプロジェクトとスケーラビリティの可能性に気づいていなかったため、うまく行かなかった。「1997年の最初のプロジェクト後、あまり反響はなかった。なぜなら、処理はそれほど目立たず、より大きな政治または政策綱領につながっていなかったからだ」という。10年後、ウィロビープラザ・プロジェクトは、住みやすい街路を提唱する結成まもない社会活動家たちにとって目覚ましい変化だと歓迎された。これらの社会活動家たちは、PlaNYCの考え方の多くを理解してくれた。ウェイドは、ニューヨーク市ストリート・ルネッサンス（New York City Streets Renaissance）キャンペーンとストリーツブログ（Streetsblog）（2006年にマーク・ゴートン創設、アーロン・ナパルステック編集）の始まりは、活動全体のスポークスマンの役割を果たしたと認めている。市は、政治指導者、社会活動家、経済界など共同で、単発のプロジェクトが重要であることを学んだ。ウェイドが言ったように、「それらは1箱分の紙の調査より優れていて、利用者は歩き回り、腰を下ろし、批判し、修正し、うまくいけば場所を好きになり、仮設を常設にする必要性を支持してくれる」という[62]。

この「道路空間の広場化」プログラムのアプローチが持つ安全性と経済的利益は重要であり、交通局は2013年の報告書『Measuring the Street: New Metrics for 21stCentury Streets（街路を計測する——21世紀の街路の新指標）』でそれらを記録して公表するためにリソースを投入した[63]。タイムズスクエアと同様に、市内の低未利用のアスファルト空間を広場に変換すると、歩行者の通行が大幅に増え、既存店舗の小売売上高が増加した。そして、すべての街路の利用者のけがが著しく減少した。さらに、「道路空間の広場化」プロジェクトの多くは常設になりつつある。そのうちの一つがウィロビープラザであり、2011年に常設化に向けて建設を開始し、2012年4月にテープカットセレモニーをしてオープンした。明らかに、短期的で低コストの改善は、今ではまちのストリートデザインのツールキットとして、期待されないにしても受け入れられている。

都市のあらゆる場所は誰かにとって重要であり、常に反対意見が多く出るため、試験的にこのようなプロジェクトを実行することは、政治的に巧妙な駆け引きだとわかった。熱心な現状維持派たちも、低コストで一時的なプロジェクトならやむを得ないと受け入れた。安全性、小売業、生活の質の観点からプロジェクトのいずれかが失敗した場合、市は原状回復が可能だと言った。もちろん、その過程で政治的な反発があったが、近隣に働きかけ、ビフォー&アフターのデータを詳細に収集したので、あるプロジェクトの次の段階で成功例（多数）と失敗例（少数）を伝えるのに役立った。

政治はさておき、仮設広場の提供は長期的な成功を保証するものではなく、ゴミを取り除き、

上：ウィロビープラザ介入前。（New York City Department of Transportation）
下：ウィロビープラザ介入後。（New York City Department of Transportation）

椅子を折りたたんで毎晩積み重ね、パブリックアート、ファーマーズマーケット、音楽、その他のイベントで各スペースを活性化するには、資金と組織力が必要だ。したがって、定期的なメンテナンスとプログラム企画を含む2つの側面からなる管理の手法は、「道路空間の広場化」プログラムに不可欠だ。管理を担うのは、一般的に交通局のメンテナンスパートナー（通常は地元のBID）である。BIDは特定の地理的な範囲にある地元企業で構成され、加盟する企業は地区の公共領域の管理と計画に使われる共通基金に税金を支払っている。

もちろん、ニューヨーク市の全地区に広場の管理を支援する地元BIDがあるわけではないため、市のプログラムは、広場を維持するリソースを持たない行政サービスが行き届かない地域を置き去りにし始めた。2013年、交通局はJPモルガン・チェースとの80万ドルの公民パートナーシップを通じて地域格差をなくし、低所得地域がプラザ・プログラムを地元で実施および管理するのを支援しようとした。この発表を扱ったストリーツブログ（Streetsblog）の記事は、元交通局アシスタントコミッショナーのアンディ・ウィリー＝シュウォーツの言葉を引用している。「ここでは、必ずどこの地区も平等な機会がなければならないと考えている。常にこのプログラムは、市全体に行きわたり、あらゆる近隣で機能するように計画されていた[64]」。

現在に至るまでのニューヨークのプログラムの成功に触発されて、アメリカの他のいくつかの大都市は、同様の「道路空間の広場化」プログラムを採用し始めた。サンフランシスコは、アメリカで最も住みやすく進歩的な都市の座をめぐってニューヨークと張り合っているが、ここでは

マンハッタンのロウアーイーストサイドのパイクストリート／アレンストリート。常設のインフラが整備される前、パブリックスペースと拡張された自転車レーンはペイントなど仮設の材料を使ってつくられた。（Mike Lydon）

2010年に「道路空間の公園化」プログラムが開始され、市内全域で行われている市主導のタクティカル・アーバニズムのプロジェクト専用のウェブサイト（http://pavementtoparks.sfplanning.org/）がある。

駐輪場、パークレット、「道路空間の広場化」の変換をパイロットテストした後、ロサンゼルス市交通局は2014年に「People St.」（http://peoplest.lacity.org/）と呼ばれる新しいプログラムを開始し、人々の空間としてアスファルト面を再生するために、事前に許可した各種既製品の材料を取りまとめた。ロサンゼルス市のアシスタント歩行者コーディネーターであるヴァレリー・ワトソンによると、このプログラムは、プロジェクトデリバリー方式を迅速かつ透明化することで、市民、事業主、町内会に権限を持たせるように考えられている。People St.を使ってロサンゼルス市民は、仮設から常設への移行を意図したさまざまなパブリックスペースの介入を行うために、市の部品キット（オンラインで入手可）の使用を申請できるようになった[65]。毎年、People St.のプロジェクトは以前の状態に戻したり、新たに1年間の許可を申請したり、資金調達ができた場合にはより恒久的なプロジェクトに移行したりできる。

確かに、ニューヨーク、サンフランシスコ、ロサンゼルスなどの流行の最先端の場所は、典型的なアメリカの都市ではない。しかし、そこで開発された低コストでインパクトのある変革を可能にするアプローチは、あらゆる場所で必要とされ、どの規模のコミュニティにも拡大縮小できる。実際、リソースが限られているまちや都市にとって、タクティカル・アーバニズムのプロジェクトは現時点では聞いたこともないかもしれないが、そのようなアプローチ（一時的、低コスト、迅速）が最善かつ唯一の前に進む方法かもしれない。実は小さなまちや都市は一般的に、官僚制度の影響が最も少ない。それなら、ぐずぐずしている暇はない。さっさと始めよう！

上：以前は交通量の少ない街路だったニューヨーク市のコロナプラザは、現在、周辺地域の豊かな多様性を映し出す文化活動が計画されている。（Neshi Galindo）
下：サンセット・トライアングル・プラザの創設により、ロサンゼルス初の「道路空間の広場化」が実施された。（Los Angeles Department of Transportation）

04-4

「道路空間の広場化」
クイーンズ区ジャクソン・ハイツ

ニューヨーク市の住民、事業主、その他のステークホルダーは、近隣での市のプラザ・プログラムの適用を提唱するかもしれないが、プロジェクトデリバリー方式は依然としてトップダウンのような印象を与えるだろう。これに対して、ジャクソン・ハイツの78thストリートのプレイストリートが公共広場になったというストーリーは、クイーンズ区が首尾よく反復的で完全にボトムアップのアプローチを用いて、近隣のパブリックスペースを開発したことを実証している。

ジャクソン・ハイツは、ニューヨーク市で最重要かつ多様で密集した地区の一つである。近隣では30以上の言語が話され、人口の3分の2は海外生まれだ。このような住民の多様性にもかかわらず、近隣にはニューヨークで2番目にオープンスペースが少ないため、都市環境にはあまり多様性がない。この欠点を痛感した近隣住民は、グリーン・アライアンスと呼ばれる全員ボランティアによる近隣の社会活動グループを自ら結成し、2008年の夏の日曜日にプレイストリートを始めた（ニューヨークのプレイストリート・プログラムの歴史的な考察については第2章を参照）。このプレイストリートは、78thストリート沿いの1ブロックで行われ（34thアベニューからノーザンブルバードまでの区間）、この地域で唯一の公園であるトラバース・プレイグラウンドの延長線上にある。

グリーン・アライアンスは、毎年夏の日曜日に78thストリートのプレイストリートを2年間うまく開催したが、日曜日だけでなく丸2カ月間車両を通行止めにしたいと考えていた。しかし、一部の住民は、通行止めのせいで夜間の徘徊や犯罪が増加し、利用できる駐車場が減り、ラッシュアワーの交通に影響することを心配していた。そこで、プレイストリートを2カ月に延長する問題は、当初アイデアに反対票を投じた地元のコミュニティ理事会に持ち込まれた[a]。グリーン・アライアンスは

2008年に一時的な週末の取り組みとして実施された78thストリートのプレイストリートは、パブリックスペースが改善したため、現在は一年中人々に開放されている。（Dudley Stewart）

04-4

成功すると心に決め、2010年5月にコミュニティ理事会に向けて200人の行進を組織し、子どもたちもコミュニティと健康のためにプレイストリートが重要だと訴えた。行進の先頭に立ったのは市議会議員のダニエル・ドロムで、プレイストリートの拡大を提唱した。2010年の夏本番に入る前に、グリーン・アライアンスは地域の闘いに勝ち、7月と8月の全期間にわたって道路閉鎖を拡大することになった[b]。

さらに定期的に行われた78thストリートのプレイストリートは、自転車乗り方教室、ファーマーズマーケット、コンポスト教育、団体スポーツ活動、もちろん近隣住民と交流する機会をはじめとするさらなるプログラムの機会を提供した。ジャクソン・ハイツ・グリーン・アライアンスのダドリー・スチュワート会長によると、「毎夕100人が参加するが、午後8時を過ぎても大勢の人が帰らない」という[c]。有益ではあったものの、これらすべての活動にはコストがかかったため、2011年と2012年に住民は、地域密着型オンライン・クラウドリソーシング／クラウドファンディング・プラットフォーム「ioby」に着目した。グループは2011年に3402ドル、2012年に2526ドルの資金を調達し、プログラム企画、メンテナンス、スポーツ用品に充てた[d]。

2010年と2011年の78thストリートのプレイストリートシーズンが成功したので、グリーン・アライアンスは、夏のスペースを一年中利用できるように、ニューヨーク市交通局の急成長しているプラザ・プログラムを適用した。それは少し困難な課題だったが（交通局は主に地元のＢＩＤと提携している）、グリーン・アライアンスは初の全員ボランティアの近隣のグループとして選ばれ、広場を管理することになった。２カ月間の夏のプレイストリートが、一年中のパブリックスペースに変わるのだ。常設に近づいた広場には、市の資本予算プロジェクトデリバリー方式を通じて、既存の遊び場に約９２９平方メートル（約1万平方フィート）のオープンスペースが加わった。このグループの最初の成功を振り返り、近隣住民のドノバン・フィンは、「重要なのは、実際にそれを見てもらうことだけだった。それが何よりの証拠だった[e]」と語った。

a. Noah Kazis, "Jackson Heights Embraces 78th Street Play Street and Makes It Permanent," Streetsblog NYC, July 5, 2012, https://nyc.streetsblog.org/2012/07/05/jackson-heights-embraces-78th-street-play-street-makes-it-a-permanent-plaza/
b. 同右
c. Ben Fried, "Eyes on the Street: 78th Street, Jackson Heights, 8:15 PM," Streetsblog NYC, August 6, 2010, https://nyc.streetsblog.org/2010/08/06/eyes-on-the-street-78th-street-jackson-heights-815-pm/
d. "Jackson Heights 78th Street Play Street 2012," Ioby.org, https://ioby.org/project/jackson-heights-78th-street-play-street-2012
e. Kazis, "Jackson Heights Embraces 78th Street Play Street"

道具* (Atlanta Regional Commission)

05

タクティカル・アーバニズムのハウツーマニュアル

大きなことを成し遂げ、グローバルに考え、行動するためには、小さく重要なところから始める。したがって、実践とは、普通のことを特別なことにし、特別なことを普及させること、つまりビジョンと常識によって理解と可能性の境界を広げることだ。また、緊密に結びついた人脈を築き、縁のなさそうな仲間や団体と連携し、型にはまらない計画をすることだ。そして、さしあたりやるべきことをやると同時に、その後は戦術的かつ戦略的になることだ。

――ナビール・ハムディ

タクティカル・アーバニズムを適用する機会は、殺風景な壁から、広すぎる街路、低利用の駐車場や空き地まで、どこにでもある。すでに説明したように、市民は、政策や物理的デザインに不備があることに気づいたら、注目を集めるためのツールとして、タクティカル・アーバニズムを利用するだろう。また、地方自治体、団体、プロジェクト開発者は、すばらしい場の創出に取り組みやすくするために、市民参加の範囲を広げ、計画のさまざまな側面を早期かつ頻繁にテストし、実践を迅速化するツールとして使用するだろう。このような取り組みは、計画とプロジェクトデリバリー方式に柔軟性を組み込みながら、あらかじめ設定された目標を達成するために計画的で利用可能な手段を用いるので、私たちは「戦術的《タクティカル》」と形容している。この章では、デザイン思考の枠組みを用いて、タクティカル・アーバニズムのプロジェクトへのアプローチを解説し、できるかぎり市民や行政の戦術家《タクティシャン》のために具体的な教訓を導いていく。

デザイン思考

ハッキングムーブメントが専門化されて、新たな課題や根強い課題に対応するために数多くの技術とプロセスが生まれた。その一つが「デザイン思考」で、これは名詞というよりむしろ動詞である。デザイン思考の基礎は1960年代に開発されたが、スタンフォード大学デザインスクールとコンサルティング会社IDEOで、トムとデビッド・ケリー兄弟の指導の下に現代に適応するものが考案された。ケリー兄弟は著書『Creative Confidence（創造力に対する自信）』のなかで、このプロセスの定義は、問題の状況に対する共感、洞察と解決策を生み出す創造力、分析してさまざまな解決策を問題の状況に当てはめる際の合理性を結びつけることだとしている[1]。近年、テクノロジー系スタートアップ企業が成長するにつれてデザイン思考への関心が高まり、数々の会社がその中心的な考え方を採用するとともにエリック・リースが『リーン・スタートアップ』に規定した製品開発方法の多くを採用している[2]。

デザイン思考は、まちづくり関連の分野にとって全く異質な概念ではない。ハーバード大学の建築と都市計画の教授であるピーター・ロウは、１９８７年の著書『デザインの思考過程』で概念をこの分野に適用した。しかし、ロウの本で示された概念は、この分野に浸透しなかった。ところが、テクノロジー系企業やスタートアップ企業が過去20年間に文化的な地位を獲得するにつれて、現代的なデザイン思考が適用されて、まちづくりのどの点が変わったか、そしてどの点が変わっていないかに対して、関心が高まっている。私たちの経験上、タクティカル・アーバニズムのプロジェクトを成功させるには、５つのステップのデザイン思考プロセスが重要だ。デザイン思考もタクティカル・アーバニズムも、デザインはまちづくりと同様に、絶対的な解決策がほとんど見つからない終わりのないプロセスであることは認識している。次のステップは、タクティカル・アーバニズム実践者がよく使う問題特定からプロジェクト対応までのプロセスに似ている。５つのステップは次のとおり。

1　共感：本当は誰のために計画または設計しているのかを理解する。
2　定義：対象地を特定し、対処しなければならない問題の根本的原因を明確にする。
3　創造：定義された問題を解決する方法を調査し考案する。
4　試作：迅速かつ安価に実施できるプロジェクト対応を計画する。
5　テスト：構築―計測―学習プロセスを用いて、プロジェクトをテストし、フィードバックを収集する。

これらのステップに杓子定規に従う必要はなく、重複することも多いが、必要に応じて繰り返さなければならない。これらのステップは、明らかな各種都市問題に対処するための枠組みだと考えてほしい。後のページに記載しているハウツーマニュアルでは、読者の皆さんが自分のプロジェクトにどのように適用できるかを詳細に説明する。

1　共感：本当は誰のために計画または設計しているのかを理解する

すべてのタクティカル・アーバニズムのプロジェクトは、都市環境の不備に対処しようとしている。しかし、効果的なプロジェクト対応は、自分が本当は誰のために活動しているのかを理解するまで考案できない。

発案者は、自分のためだけではなく、友人や家族、または無意識のうちに隣人のために活動している場合が多い。個人または集団で、荒れ果てた建物、未使用の駐車場、広すぎる街路にうんざりしているから、許可の有無にかかわらずアクションを起こすのだ。これは効果的かもしれないが、自分のプロジェクトで他に誰が影響を受けるかもしれないかを考え、その人たちのニーズも考慮することが重要だ。この通りの先に住む高齢者、角の店主、隣の子どもはどのように反応するだろうか。まず、隣人たちにたずねてみてほしい。隣人たちのニーズに特に対応するつもり

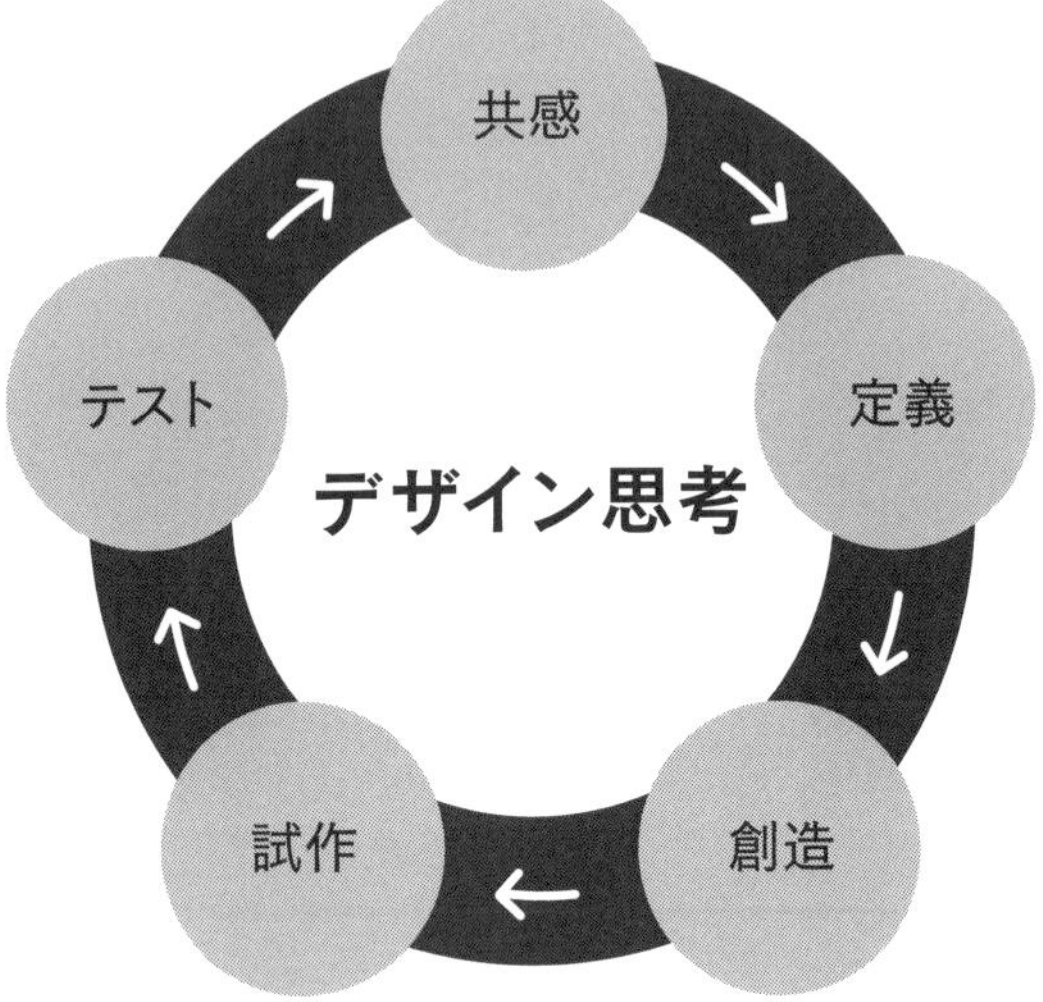

デザイン思考。(The Street Plans Collaborative を元に作図)

がなくても、プロジェクトのせいで隣人たちの状況が悪化しないようにしたい。悪影響を受けるかもしれないとフィードバックを受け取ったら、調整できる。その一方で、おそらく、近隣の不快な事案によって悪影響を受けているのは自分だけではないことに気づくだろう。事態の改善に動き出せば、同様のプロジェクトに着手しようと考えていた志を同じくする人々を引き寄せるだろう。

専門的な立場で働いている人は要注意だ。クライアント、地元の政治家、部門のリーダーが、プロジェクトの一部またはほぼ全部の側面を事前に決定してしまうかもしれない。このような場合、すぐにオフィスを出て、プロジェクト地域内の人がいる場所に向かうこと。市民に熟慮した質問をすることで、直接の情報を得ることができる。現地調査で自分のアイデアとステークホルダーを結びつけ、ひょっとしたら、従来の計画やプロジェクトデリバリー方式にあまり参加しない人をはじめ、考慮すべき他の人々を特定できるかもしれない。

最低限の共感を生むことは、おそらく多くの読者にとって常識だろう。しかし、ほとんどのまちや都市は、ちょっと散歩するだけで、都市環境を計画、設計、規制する人々が、超ローカルな問題も、奉仕しているはずの人々の多様なニーズもほとんど理解していないことがすぐにわかるはずだ。

たとえば、多くの交通工学技術者は、最も弱い道路利用者の立場で考えず、自分たちが設計してつくる場所を、高速の2トン車以外が通ることは想定していない。このように他者に共感できないから、ドライバーを含むあらゆる人々の安全を犠牲にして、一部の人だけに便利な環境になることが多いのだ。この問題と闘うために、安全な街路を求める社会活動家は、市のリーダー、プランナー、技術者、公共事業関係者を車から降ろして街頭に連れ出し、彼らがつくり出すひどい環境を実際に歩いたり、自転車に乗ったり、車椅子を使用してもらう活動を始めている。このシンプルな活動は費用もかからず、コミュニケーションと共感を構築する最強のツールである個人的な体験を通して、無知な人が知識を深めるにつれて、全く異なる結果をもたらすようになるだろう。

マイアミビーチの 16th ストリート自転車レーンを見ると、計画に共感が欠如していることがわかる。（Mike Lydon）

2　定義：対象地を特定し、対処しなければならない問題の根本的原因を明確にする

タクティカル・アーバニズムは、魔法の解決策ではない。まちや都市で見られる差し迫った課題の多くを解決するものではないが、近隣で見られる根強い問題に対応し、意識を高めることができる。

タクティカル・アーバニズムの介入の機が熟した場所は、私たちは対象地《オポチュニティ・サイト》と呼んでいる。場所によっては、経済的、社会的、物理的、環境的に明らかに低迷しているため、介入の明確な対象になる。このような場所は、以前のコミュニティ計画の取り組み、山積する市民からの苦情、衝突事故データ、犯罪統計などのフィードバックループを通して知ることが多い。ただし、すべての対象地が明らかなわけではないし、すべての場所にすぐ対処できるわけでもない。実際、最も根強い問題の多くは、変革を求める多くの計画があるにもかかわらず、何十年も変わっていない。では、あらゆる可能性のなかから、よいものを選ぶにはどうすればよいのだろう？

対象地の選定：どのくらいの規模にするか？

規模と物理的な状況は、対象地の選定プロセスにおいて非常に重要だ。選択肢がある場合、私たちは他の場所にも存在する基本条件を備えている場所に、タクティカル・アーバニズムを適用したい。それが成功すれば、プロジェクト対応が他の場所で採用されたり、地方自治体の計画や政策に正式に採用されたりする可能性が高まるかもしれないからだ。とはいえ、それが近隣プロジェクトとして単独で考案されていても、もっと大きな計画の取り組みの一部として考案されていても、まずはできるかぎり規模を縮小し、介入の範囲を狭めることをお勧めしたい。これは、変化を起こすために包括的なビジョンに飛びつきたいと考えている多くの人々にとって、受け入れがたいかもしれない。しかし、規律を守って、近隣全体で問題について考えるが、建物の敷地や街角の規模で行動すること。取り組みのスケールアップは後でいつでもできるし、私たちとしてもぜひそうしてほしい。または、必要であれば、対象地の規模と状況に合った、適切な規模の戦術を用いることに集中してほしい。これをちゃんとすれば、たいてい次のプロジェクトの機会、段階、場所につながっていくだろう。

先に述べたように、チェアボミングは、椅子やベンチがない場所に置いて、随所に見られる公共の椅子不足に対処する行為である。これは、シンプルで効果的な戦術の一つだ。しかし、歩行者がほとんどいない5車線の幹線道路に隣接する郊外の小規模ショッピングセンター前の寂しい歩道でやっても、あまり効果はないかもしれない。そのような場所で小規模な介入が影響を与えるには、建物はあまりにもまばらだし、車のスピードが速すぎ交通量が多すぎて快適ではないし、潜在的な利用者数が少なすぎるからだ。

このような仮説に反して、フロリダ州オーランドのオーデュボンパーク・コミュニティマーケットで、同じような状況に対して実に適切な対応が見られた。ウィンターパークロードに位置し、5車線のコリーンドライブに程近いこのマーケットは、毎週月曜日の夜に小規模ショッピングセンターの駐車場で開催されるが、いつもは人気のカフェ、美容室、自転車店など、いくつかの地域の店舗の駐車場になっている場所だ。毎週のイベントは隣接する店舗の顧客たちに人気で、そこで売られている地元の食べ物、音楽、工芸品は高く評価されている。普段は太陽が照りつける満車の駐車場だが、マーケットの日には、レイアウトもプログラムもよく考えられた仮設のパブリックスペースに早変わりする。

コミュニティマーケットを運営するのは、歩道沿いに椅子を置くより（チェアボミング）時間

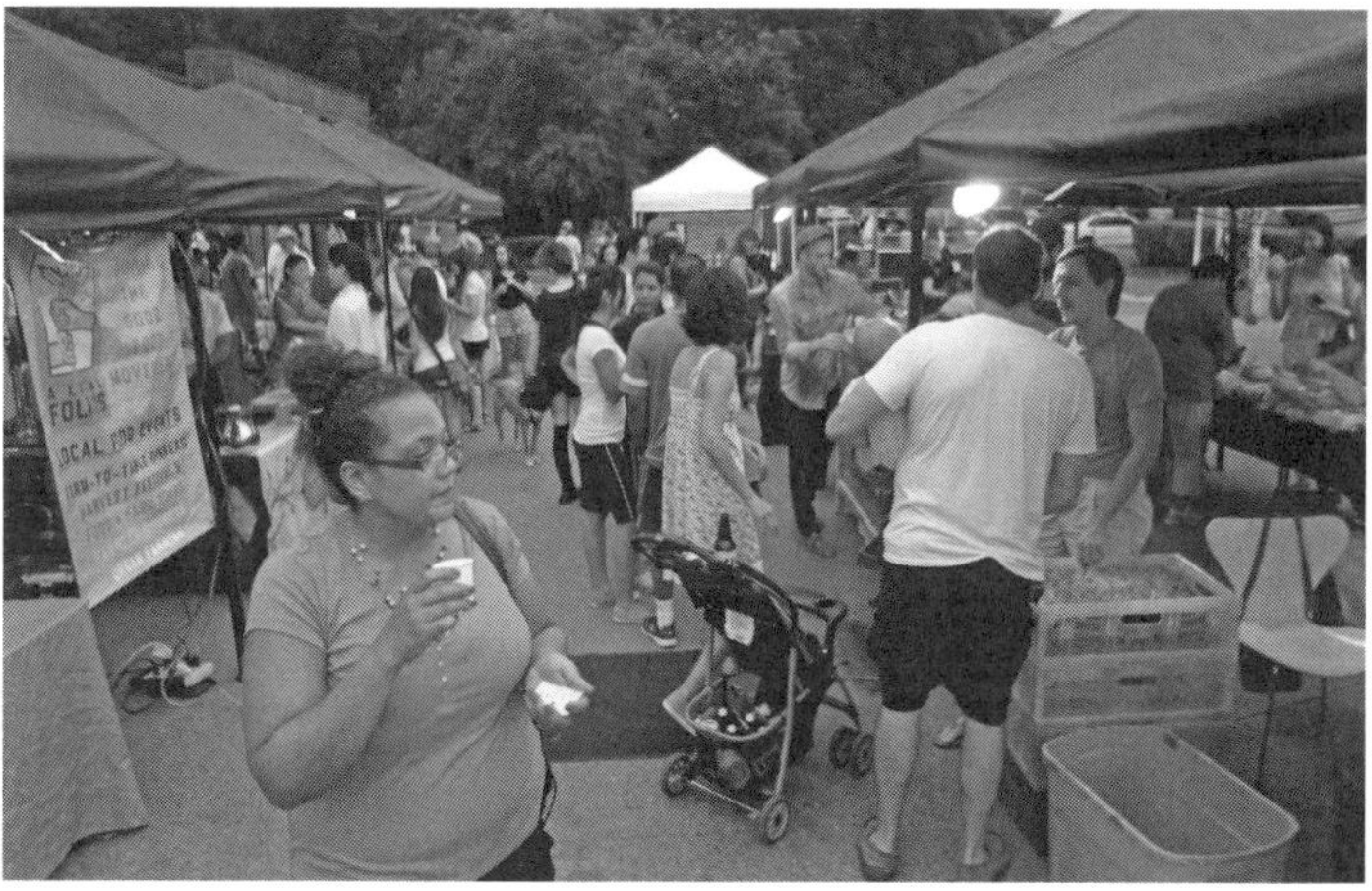

オーデュボンパーク・コミュニティマーケットの昼と夜。（上：Mike Lydon、下：Michael Lothrop）

がかかるに違いないが、見返りは努力に見合うものだ。今日、一時的なマーケットが成功すれば、低リスクで一貫した市場調査として、もっと恒久的なマーケットに対する需要が近隣にあることを証明できる。こうして、この毎週のマーケットを立ち上げて継続していた人々は、最近、ほんの2ブロック先に、ナイトマーケットの2階建て実店舗イーストエンドマーケットをオープンした。そこには、地元の屋台、書店、アンティークショップ、オフィススペース、正面前に小さな地域農園がある。この効果的な「仮設から常設へ」の対応は、ナビール・ハムディ教授が『The Placemaker's Guide to Building Community（プレイスメイカーのコミュニティ構築ガイド）』で「縮小から拡大へ――後退から前進へ」と表現していることの重要性を実証している。

対象地の歴史調査

すべての対象地に魅力的な歴史があるわけではないが、最近や過去の建物、用途、道路設計の構成、催しを調査すれば、特定の場所に関連する課題と状況をさらに明確化することによって、対象地選定プロセスに役立つかもしれない。第4章で紹介したタイムズスクエア、ダラス市役所、ベイフロント・パークウェイのプロジェクトと同じように、ずっと前に何らかの形で提案されながら政治的または経済的な理由で実現されなかった計画から、洞察や着想を得られることもある。したがって、まず地元の図書館や市立公文書館を訪れたり、ウェブにアクセスしたりして有益な情報を見つけてから、目の前の状況をはっきりと定義するとよいだろう。

なぜなぜ分析(5 Whys)

対象地を選定し、物理的かつ歴史的に理解したら、そこで見つかった課題の根本的原因を定義することが重要だ。これはさまざまな形がとられるかもしれないが、豊田佐吉が自社の自動車製造工程を最適化するために考案した技術「なぜなぜ分析」を試すことをお勧めしたい。豊田は、製造上の問題はたいてい工程に欠陥があるせいであり、「なぜ?」と何度も問いかけるだけですぐ発見できると気づいた(5回が理想的であると判断した)。この簡単な演習は、重要な洞察を生み出すことが知られており、世界的に支持されているリーン生産方式の中核となり、さまざまな創造的な分野でも用いられている。

私たちは、タクティカル・アーバニズムのワークショップの多くに、なぜなぜ分析の演習を採用している。というのは、人々が近隣ですぐに指摘する欠点は、人間の作業の不備、時代遅れで忘れられた自治体政策、誰も対処しようと思わない他の根本的な原因など、問題として認識されないことが顕在化するのが普通だからだ。結局のところ、物理的な介入を利用してこれらの項目を強調すれば、簡単にお金をかけずに、同じ間違いが将来にわたって繰り返されないようにし、理想的には、長年の懸案だった政策変更に影響を与えることができる。

ちょっと試してみよう。在住または在勤の地区で頭を悩ませている問題を考え、それを問題文として表現する。次に、なぜその問題が存在するのか自問してみる。少し考えてから、質問に答える。

最初の答えが得られたら、もう一度質問として言い換える。このプロセスを、根本的な原因の一つ以上にたどり着いたと感じるまで、必要な回数だけ繰り返してみる。これは、根本的な原因に対処するように介入の焦点を絞るのに役立つはずだ。

なぜなぜ分析のテクニックは完璧ではない。実際、このテクニックを何度も練習すると、質問が増えるときもあれば、減るときもあることがわかる。また、対話を増やしたり、複数のプロジェクト対応をテストしたりしなければならない少数の相反する根本的な原因にたどり着くこともある。そうは言っても、なぜなぜ分析の演習は、最初に対処しなければならない課題と対象地の種類を素早く定義し優先順位をつけるのに役立つことがわかった。お楽しみはこれからだ。次に、さらに集中したブレインストーミングを始めよう。短期的なプロジェクト対応を考えることに集中しながら、長期的には、政策、プロセス、物理的デザインに影響を与えることを視野に入れておきたい。

3　創造：定義された問題を解決する方法を調査し考案する

プロジェクトのアイデアをブレインストーミングすること（創造）は、タクティカル・アーバニズムのプロセスの最も楽しい側面の一つだ。ステップ1（共感）から得られた知識を使って、ステップ2（定義）で定義された課題と機会に対処することに焦点を当てているかぎり、すべてのアイデアを考慮しなければならない。創造プロセスを行うのは、個人、小グループ、大規模集団のいずれの場合もあり得る。たとえば、マット・トマスロは「ウォーク・ローリー」を1人で始め、最初の「ビルド・ア・ベター・ブロック」は献身的で創造的な少数のダラス住民たちの成果であり、「ベイフロント・パークウェイ」には少なくとも30のマイアミの団体が参加した。

それぞれのアプローチには価値がある。たとえば、個人や小グループは、デザイン思考プロセスの最初の2つのステップを素早く進め、内部の合意を得て、リソースを効率的に使用することが多い。規模が大きいグループでは、プロジェクト提案者は広範な合意を構築し、幅広い人脈を活用できる。これは創造プロセスを豊かにすることができ、プロジェクトの資金、材料、ボランティア、マーケティング支援を調達する際に、貴重だとわかるだろう。とはいえ、幅広い人脈を築くことはどの段階においても有効だ。介入に関与する時期が早ければ早いほど、プロジェクトの当事者意識が早く芽生える。グループの規模と創造の方法は多岐にわたっているが、常にしなければならないのは、「何」をすべきで「どのように」すべきかを考え出すことだ。

何をすべきか?

最も基本的なプロジェクト創造テクニックは、他の人の仕事を見ることだ。インターネットのおかげで、これまで以上に調査は簡単で迅速になった。ブログ記事、ニュース記事、自作のユーチューブ動画を見ると、クリエイティブでスケーラブルなアプローチを用いて一般的な課題に取り組んだことを記録しているとわかるだろう。私たちは確かに、タクティカル・アーバニズムのプロジェクトのために早くから頻繁にインターネットを利用している。しかし、どの先例に倣うときにも気をつけなければならないのは、あくまで着想の源や役立つ情報を得るために使うことだ。成功したプロジェクトを単にまねすることは、プロジェクトが行われる社会的、経済的、政治的、物理的な背景を確認しにくいため、危険である。とはいえ、まねしたがるのが人間の本質であり、2匹目のドジョウを狙おうとする。

フリップチャートの作成や地図上のマーカー引き以外に、プロジェクトの計画に数々の創造的なワークショップ技術やアイデア収集ツールを使用できる。オープンな公共の取り組みに対しては、ネイバーランド（Neighborland [https://www.neighborland.org]）などのオンラインと対面の両方を組み合わせた創造プラットフォームが最も効果的だ。というのは、ネイバーランドは、これまでになく簡単かつ効果的に、近隣のプロジェクトのアイデアを記録し、共有し、結びつけるからだ。ネイバーランドは、アーティストで都市計画家のキャンディ・チャンのプロジェクト「I Wish This Was...（これが○○ならいいのに）」から成長した。このプロジェクトは、名札ステッカーに遊び心を加えて工夫したものから始まり、甚大な被害をもたらしたハリケーンカトリーナの後、ニューオーリンズの再生に関するアイデアを通行人が共有できるように、空きビルや荒廃した建物に置かれた。

マインドミキサー（Mindmixer）やクラウドブライト（Crowdbrite）などの他のツールも、一般的な公開会議やワークショップを超えて参加を広げ、アイデアや一般の人々の入力データを簡単

ネイバーランドのステッカーを使ったシンプルなインスタレーションでは、通行人を巻き込んで、ライフロング・コミュニティ［訳注：幼児から高齢者になるまで暮らしやすいコミュニティ］を構成するものを考えた。（Mike Lydon）

に収集し整理できる。特に、使いやすく見た目もきれいなインターフェースなので、オンラインツールの使用は劇的に増えている。しかし、それだけの価値があるのだろうか?

それはプロジェクトと状況（そして資金）次第だ。一般の人々にオンライン投票やプロジェクトに関する議論を許可するだけで、ある種の参加になり、価値を付加することができる。しかし、このようなツールは、プロジェクト参加数を促進するために従来の取り組みの一部として使われることがある。エリック・リースの言葉によれば、これは「虚栄心の評価基準《バニティ・メトリックス》」だ[3]。確かに、参加者のクリック数が増えると、皆気分がよくなれる。しかし、創造プロセスが完了した後、たいてい疑問がいくつか残る。さてどうしよう？　アイデアやプロジェクトは実行可能だろうか？　オンラインツールは、オフラインでの協働と実践の促進に実際に役立ったのだろうか？

　このような疑問がきっかけで、リースが「行動につながる評価基準《アクショナブル・メトリックス》」と呼ぶものができたが、この基準はより明確な道筋を示すために使われるべきだ。タクティカル・アーバニズムのプロジェクトでは、プロジェクトのアイデアが後のページで説明する「試作」「テスト」の段階に素早く進むように、行動につながる評価基準を確立すべきだ。次に、イノベーター理論を提唱した社会学者であるエベレット・ロジャーズを取り上げ、タクティカル・アーバニズムのプロジェクトのアイデアが「行動につながるかどうか」を検証してみよう。

『イノベーションの普及』（１９６２年、日本語版２００７年）という独創的な著書のなかで、ロジャーズは、人間がイノベーションを採用するか拒否するかに影響を与える５つの要因である「相対的優位性」「適合性」「わかりやすさ」「試行可能性」「可観察性」を特定している[4]。彼の著作の多くは技術の普及に焦点を当てているが、これらの各要因は、プロジェクトの創造段階の質問に変換することができ、短期的なプロジェクト対応が、定義した問題に効果的に対処するかどうか、そして最終的には長期的変化につながるかどうかを考えるのに役立つ。

・相対的優位性：プロジェクトは、特定のグループの人々に本当に現状より利益をもたらすか？

・適合性：プロジェクトは、規模と範囲の両方で、社会的および物理的な状況と適合するか？
・わかりやすさ：プロジェクトは幅広い層の人々が簡単に理解できるか？
・試行可能性：プロジェクトを簡単にテストできるか？　他の場所で簡単に再現できるか？　採用への道筋は明確で比較的ハードルが低いか？
・可観察性：プロジェクトは他の多くの人の目に触れるか？　それは使われるようになり注目を集めるか？

以上の質問をしてみよう。自分のプロジェクトに大いに役立つはずだ。

始め方：許可されたプロジェクトか、無許可のプロジェクトか

タクティカル・アーバニズムのプロジェクトにアプローチする方法は、許可か無許可かの2つしかない。そして、創造段階は、進むべき道を決めるのに最適なときだ。

自治体と提携したプロジェクトに取り組んだことはないが、検討している場合は、地方自治体での勤務経験のある人に相談するのが最善だ。いわゆる行政の戦術家は確かに存在し、その役割は、あなたのようなプロジェクト提案者が、膨大な役所の手続きや関連の政策を切り抜けるのに手を貸すはずだ。また、市に利益をもたらすとわかっていても自ら達成するには苦労しそうな場合、あなたが結果を出すのを後押しする次善策を許可してくれる。残念ながら、この役割を喜んでやっ

てくれる市の戦術家は、ほとんど表舞台に立たずに働き、目立たないようにしているため、なかなか見つからない。繰り返しになるが、地元での経験がある人にたずねて、適切な部門の適切な人の名前を教えてもらうこと。そこから、許可か無許可か、どちらのアプローチを進めていくかについて、情報に基づいた判断を下すことができる。

あなたが公務員であれば、市の戦術家であろうとなかろうと、普通、答えは明らかだ。自治体の手続きをとらずに公然のアクションを前に進めれば、非難や解雇の理由にはならないとしても、たいてい眉をひそめられる。ご存じのとおり、市役所ではリスクを回避する文化が生まれ、現状を打破しても報酬がほとんどまたは全く得られない。それでも、革新的な官僚たちは、お役所仕事を省き、プロジェクト提案者が適切な抜け穴を見つけるのを助け、新しい政策の策定によって新しい種類のプロジェクトを可能にする方法をどんどん見つけている（第4章のニューヨークの「道路空間の広場化」プログラム参照）。

一般的にプロジェクト提案者は、次の条件の2つ以上が当てはまる場合、市または団体に許可されたアプローチを検討することをお勧めする。

・規模が大きく複雑な性質である。大まかに言うと、市の土地や建物の使用、実施に数時間以上、または少額にとどまらない資金を必要とする可能性がある。
・プロジェクトの支援者が、内定または決定しており、提案者の許可の取得または迅速な処理（必要な場合）を進んで支援し、保険および責任の懸案事項を援助し、必要な材料を調達し、さらに資金提供もできる（運がよい場合）。

・提案されたプロジェクトは、現在の都市計画の取り組みに関連しているか、既存の都市計画、政策、プロジェクトデリバリー手順と一致している可能性がある。タクティカル・アーバニズムに関心のある創造的な市や団体のリーダーは、その取り組みの支援を正当化するのに政治的な大義名分が必要だ。

残念ながら、タクティカル・アーバニズムのプロジェクトを可能にして展開するような、受け入れ態勢が整っている市役所はほとんどない。その結果、市民主導のアクションは制度に衝撃を与える傾向にあり、それを最もよく表している例は、第4章で取り上げたオレゴン州ポートランドとオンタリオ州ハミルトンのインターセクション・リペアのストーリーだろう。しかし、あらゆる規模の都市は、こうした市民参加の表現から恩恵を受ける立場にあり、小さな法律違反は、プロジェクト提案者（および反対派）と対話し、市が彼らの懸念にどのように対処できるかについて対話するまたとない機会であると気づくべきだ。確かに、市のリーダーには、この種の一時的な介入の違法性より、そもそも有権者が市の許可なしに行動せざるを得なかった根本的な状況にもっと焦点を当ててもらいたいと思う。市が根本的な原因に対処し、市民を法律違反常習者や破壊者としてではなく共同制作者として扱えば、たいてい、意識の高い一般市民から深く尊敬され支持される。

このように、第4章（インターセクション・リペア、ウォーク・ローリー、パーキングデー、ビルド・ア・ベター・ブロック）で取り上げた無許可の事例を見れば、地方自治体が市民のリーダーの活動を取り締まるのではなく、市民のリーダーと積極的に協力できるし、そうすべきであることがわかる。このようなプロジェクトは非常に目立つものであり、大勢の人々を巻き込むための低コストの方法と見なすべきだ。

許可されたプロジェクトは、最初から合法性（および資金）を確保されることが多いが、実現するまでに数年ではなくても数カ月かかることがある。これに対して、無許可のプロジェクトはきわめて迅速に完了できる。都市戦術家は一般的に最善を望み、抜け穴を利用したり（パーキングデーなど）、後で許しを求めたりする手段に頼るからだ。

一般的に、プロジェクト提案者は、次の条件の2つ以上が当てはまる場合、無許可のアプローチを検討することをお勧めする。

・介入は規模が小さく、成功しやすい。
・許可を受けるために考えられるあらゆる手段を実行したが、提案したプロジェクトについて、地方自治体のリーダーは、既存の計画、政策、プロジェクトデリバリー手順に取り組むことに消極的なようだ。

・地方自治体の許認可プロセスの次善策が見つからない。
・隣接地の所有者、隣人、その他のコミュニティメンバーがプロジェクトを好意的に受けとめているることに（または少なくとも無関心）、相当自信がある。

もちろん、この種の活動にリスクがないわけではない。カリフォルニア州バレーホ在住のアンソニー・カーデナスの例を見てみよう。カーデナスは、交通量の多い4車線のソノマブルバードを横切る視認性の高い横断歩道（縞模様）を描いて、逮捕された。何度か事故を目撃し、自らも交通事故の犠牲者になりかけたカーデナスは、市の技術者に要求が無視された後、自分で勝手に問題を処理することにした。1週間後、塗料の出所が突き止められ、逮捕された。しかし、匿名で1万5000ドルの保釈金が支払われたため、カーデナスは地元に戻ったところ、ヒーローとして大歓迎を受けた[5]。ある隣人で近くのヘアサロンの従業員は感謝して、地元の新聞にこう語った。「彼は私たちにとって特別な存在です。私たちはここで仕事をしていて、皆、女性で、帰る時間が遅いので……彼は車まで送ってくれるし、何も問題ないか確かめてくれる……ここは本当にひどい通りなのです」[6]。

市民が公共の財産に違法に介入した場合でも、悪意からではないことを認識すべきだ。さらに、無許可のプロジェクトが長期的に成功するためには、皮肉なことに、提案者は、最初は避けたがっていた官僚制度に戻らなければならない。したがって長期的には、市民戦術家は、恒久的な変化を実現するために制度的および政治的プロセスの範囲内で活動することを視野に入れておくべきだ。同じように、団体や地方自治体は、プロジェクト提案者が長期的な協働を求めている場合、真剣であることがわかるだろう。

逮捕はごくまれだが、実際に逮捕されることもある。アンソニー・カーデナスのケースは残念な例だ。しかし、無許可のタクティカル・アーバニズムのプロジェクトを実施して、重傷者や死者が出たという話は聞いたことがない。許可されたプロジェクトでも実に多くのタクティカル・アーバニストが危険な現状を担っているが、同じように犠牲者がいなければ幸いだ。

4　試作：迅速かつ安価に実施できるプロジェクト対応を計画する

交通静穏化したり、バス停を快適にしたり、近所の集いの場を設けたりする必要性など、最終的な場所とプロジェクト対応が浮かび上がったら、理想的な長期的対応の簡易な低コスト版を計画するときだ。それを介入、試作、パイロット、何と呼んでもよい。アイデアをアクションに素早く移行させよう。

プロジェクト計画

許可の有無にかかわらず、多くのタクティカル・アーバニズムのプロジェクトは突発的に見えるかもしれないが、どんなに軽い介入でさえ「何らかの」計画が必要だ。これには、物理的なデザインだけでなく、誰が助けてくれるか（誰かがいるなら）、いつプロジェクトを実施するか、どのように資金調達するか、どの材料を使用すべきかなどのロジスティクスも含まれる。

この段階では、プロジェクトを戦術的にするものは意図だということを覚えておくことが重要だ。短期的な介入は、長期的な変化をもたらすための枠組みに置かれるべきである。そのために私たちは「48×48×48」というプロセスをよく用いるが、これは2011年に「ドゥタンク：ブルックリン」とニューヨーク州オイスターベイの中心部で行ったプロジェクトのために共同開発したものだ。簡単に言うと、48×48×48プロセスは、48時間の介入の即時性を、48週間（短期）と48カ月（中期）という2つのその後の期間に意図的に結びつけている。「48」は任意だが、重要なのは、典型的な20年計画の限界を受け入れ、優先順位や状況が変わっても説明できるように柔軟性を組み込んで、より短いフィードバックループにすることだ。この理由から、私たちはタクティカル・アーバニズムのプロジェクトの期限を、少なくとも最初は4年か5年に制限することを推奨している。この時間軸は、人々が理解しやすいだけでなく、4年間の政治サイクルと5年間の資本予算プロセスとまあまあ一致するからだ。

仲間を見つける

タクティカル・アーバニズムのプロジェクトの目標は、永続的、物理的または政策的な変化を生み出すことであり、そのために近隣内および部局間の協力は有益であるだけでなく、必要になる。

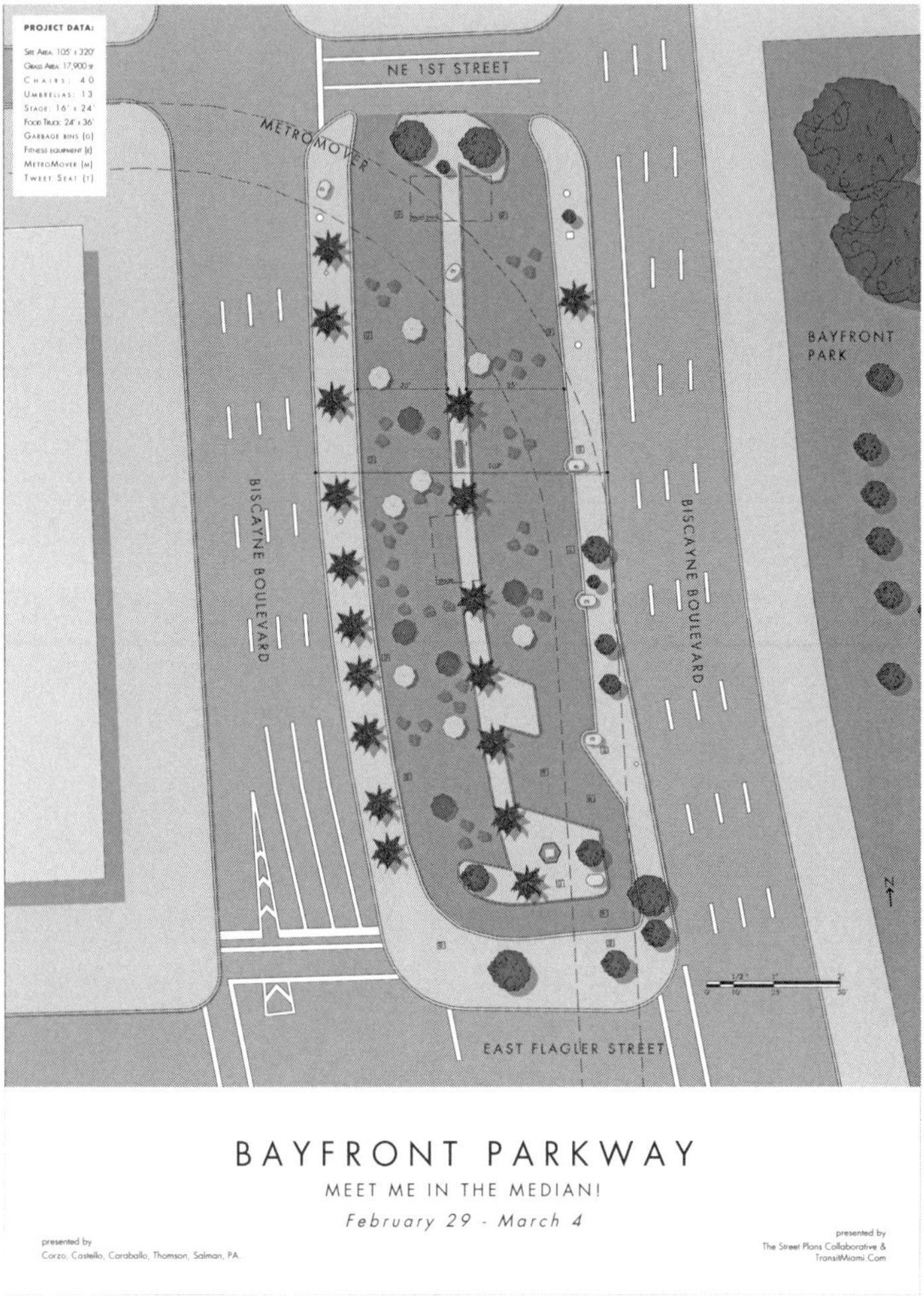

ベイフロント・パークウェイ計画は、駐車場を大きなポップアップ公園に変えることを想定した。(The Street Plans Collaborative)

最もうまくいったタクティカル・アーバニズムのプロジェクトは、多様なスキルを持つ仲間たちを結びつけていることがわかった。最初は1人または小グループで、無許可の活動をしていても、次の役割を担う仲間を見つければ、プロジェクトを策定するうえで役立つだろう。

・出資者

資金調達ができればアイデアを行動に移せる場合が多い。幸いなことに、使いやすいクラウドファンディング・プラットフォームができて、プロジェクト提案者が少額の資本（多くの場合、個人の小さな寄付）を利用するのに役立っている。好評のクラウドファンディングでは、プロジェクトをキャンペーンのように扱うことが求められるため、多くのデジタルメディアで配信できるキャッチーなタイトルと明確なメッセージを考える人がいれば助けになる。プロジェクトの開催が近い将来に予定されていない場合、助成金制度を見つけ助成金申請書を書くのが得意な人がいれば役に立つ。さらに、戸別訪問や企業訪問するために度胸のある人を見つければ、資金調達に役立つと同時に、プロジェクトに対するコミュニティの意識を高められる。このようなスキルすべてが一度にプロジェクトに必要になるわけではなく、おそらく1人で全部のスキルを備えていることはないだろう。したがって、資金調達能力がない場合、プロジェクトに必要なリソースの入手を支援できる少数の人々と提携することをお勧めしたい。

ハワード・ブラックソンのプロトタイプは、「路地を取り戻す」取り組みの一部として、ゴミ不法投棄を阻止するために偽監視カメラサインを試作した。(Mike Lydon)

・材料調達者

必要な材料を特定することとは、実際に入手することとは別問題だ。プロジェクトの必需品として適正な（低）価格で適切な材料を手に入れることは、それ自体がスキルであり、ときには粘り強さが必要だ。どのような材料があるのか、どこで探せばよいのかがわからない場合、その材料を使っている友人や仲間を見つけよう。そういう人々は貴重だ。

・制作者（設計と建設）

正直に言うと、誰もが金づちやのこぎりを使うのが得意なわけではない。これらのスキルを身につけることは有益だが、ある種のプロジェクト、特に市のリソースを使用するつもりがない市民主導のプロジェクトでは、設計や建設のスキルを持つ、家族、友人、他のボランティアに助けを求めることをお勧めしたい。これらのスキルを持つ協力者を見つければ、プロジェクトの構築がどんなに小さくてもはるかに簡単かつ安全になり、将来的なプロジェクト活動のための人脈が築かれる。それに、あなたものこぎりの達人になれるかもしれない。

・コーディネーター

プロジェクトの規模が大きければ大きいほど、許可のルートをたどる可能性が高くなる。これはよいことだが、必要な調整も増えることを知っておきたい。したがって、保険、許可、セキュリティ、レンタル機器、ボランティア、サイトアクセスなど、さまざまなプロジェクトロジスティクスを管理できるリーダーが2人以上必要になるかもしれない。幸い、現在利用できるプロジェクトロジスティクスツールの数が増えている。たとえば、チーム・ベター・ブロックは、プロジェクト用のオンラインボランティア管理ポータルを開発した。プロジェクトのコンポーネントを独立したクラスにうまく分割し、そこで参加者は、プロジェクト評価基準の作成、パレット家具の制作、パブリックスペースの活性化などのトピックに関して、スキルを学び能力を身につける。

・広報担当

タクティカル・アーバニズムのプロジェクトを成功させるうえで、コミュニケーションの大切さはいくら強調しても足らない。あまり「秘密主義的」ではないプロジェクトにとって、ソーシャルメディアとブログは、プロジェクトとその目標を共有するのに適していて、意識を高めるために絶対に重要なツールだ。無許可のプロジェクトの場合、少なくともインスタレーションと最終製品を記録して、匿名で拡散できるようにするべきだ。そうは言っても、メディアやマーケティングにコネがあり専門知識を持つ人を仲間に入れることは、常に役に立つ。一般の人々に、プロジェクトを行っている理由や参加してもらう方法を説明する助けになるだろう。さらに、気の利いたプロジェクト名、ブランド、メッセージがあれば、一般の人々がプロジェクトを認識できるし、その意図が伝わるだろう。創造性あふれるタイトル、大胆なグラフィック、魅力的なメッセージは、評判を広めるのに役立つに違いない。好例として、「ア・ニュー・フェイス・フォー・アン・オールド・ブロード（A New Face for an Old Broad）」「パークサイド・パークイン（The Parkside Park-In）」「パーキングデー（Park(ing) Day）」が挙げられる。

プロジェクト・スケジュール

許可の有無にかかわらず、プロジェクトの詳細がクリエイティブ・プロセスから明らかになったら、日時を含むプロジェクト・スケジュールを作成しなければならない。すべての種類のプロジェクトに適しているわけではないが、普通より大勢の人が訪れる、アートウォーク、オープンストリート、ロードレース、同様のコミュニティ向けの取り組みなど、すでに定評ある地元のイベントの知名度を活かして、実施予定を立てるとよい。そうすれば、プロジェクトの知名度が上がり、長く続けてほしいとの要望が高まるだろう。

許可されたプロジェクトの場合、プロジェクトの実施日を早期に決め、公に発表することは、材料の調達、許可、マーケティングへの重要なステップである。一旦決めてしまえば、プロジェクトを前に進める以外にほぼ選択肢はない。実際にほとんどの人は、計画期間が長いより、短い期間で締め切り間近のほうがはるかに積極的に対応する。第4章で述べたように、チーム・ベター・ブロックのジェイソン・ロバーツは、このテクニックを「自分自身を脅迫する」と呼んでいる。

プロジェクトの資金調達

「タクティカル・アーバニズムのプロジェクトは、どのように資金調達していますか?」ご想像のとおり、これは私たちが最もよく受ける質問の一つだ。答えは簡単。何でもありだ! 冗談はさておき、タクティカル・アーバニズムのプロジェクトは、ますます多様化する資金援助の仕組みを通して実現されている。多くのプロジェクトでは、プロジェクトリーダーが取り組みのために材料を借りたり、再利用したり、寄付してもらったりしているため、資金はほぼ必要ない。このような場合、必要なのは、勇気と後で送るお礼状だけだ。

さらに、本書記載の成功したプロジェクトのいくつかは、数千ドル以下に費用を抑えたが、メンフィスのプロジェクト「ア・ニュー・フェイス・フォー・アン・オールド・ブロード」（第4章を参照）などは、数百万ドルの新規投資を利用している。しかし、運動がだんだん主流になるにつれ、自治体、財団、企業からの標準的な資金が、アーバン・プロトタイピング・フェスティバル［訳注：デザイン、アート、テクノロジーが一体となって都市を改善する方法を探る世界的なムーブメント］、メイカソン（make-a-thon）［訳注：make と marathon を合わせた造語。最終製品より制作過程を重視する］、デザイン&ビルドコンペティションなど、創造的なプレイスメイキングやタクティカル・アーバニズムの取り組みに使われるようになった。そのため、自分のプロジェクトが、既存の資金調達ガイドライン、地元および地域の政策、進行中の計画の取り組み、慈善活動の範囲内にどの程度収まっているかについて検証することをお勧めしたい。多くのタクティカル・アーバニズムのプロジェクトは、すでに行政、企業、財団が資金提供している交通、健康、環境の取り組みを行っている。たとえば、すでに述べたとおり、ウォーク［ユア・シティ］はブルー・クロス・ブルー・シールドから資金提供を受けているし、オレゴン州ポートランドのディペーブ（舗装面の緑地化）の取り組みは現在、さまざまな行政や企業から資金提供を受けている。どちらもご多分に漏れず、資金提供も地方自治体の支援も皆無の状態で始まったことを忘れないでほしい。だから、立ち上げと運営に苦労していても、できないのをあまり資金不足のせいにしないでほしい。ささやかなリソースだけでプロジェクトを成功させるのは感動的であり、最初の試作を他の人の目に触れるようにした「後」、資金提供を引き寄せる創造力が必要だ。

最後に、市民や団体は、説得力のあるプロジェクトの売り込みでSNSを活用して、資金調達の従来の道と隠された条件を迂回できるようになった。ハードワークが必要だが、キックスター タ ー (Kickstarter) などのクラウドファンディング・プラットフォームにより、戦術的であるかどうかにかかわらず、きわめて突飛なプロジェクトでさえも、財政支援者の市場全体を活用できるようになっている。

もちろん、キックスタータ ーは今日存在する唯一のクラウドファンディング・プラットフォームではなく、業界の専門家の予想によれば、クラウドファンディングは2014年の40億ドルから今後数年間で3000億ドル近くに成長するという[7]。その他の業界トップには、インディゴー ゴ ー (Indiegogo) や私たちのお気に入りのタクティカル・アーバニズム資金調達ツール、iobyがある。iobyは、近隣の街区再生プロジェクトを助けるクラウドリソーシング・プラットフォームと称している。iobyで資金提供されるほとんどのプロジェクトは、規模は小さいが、大きなプロジェクトが資金調達のハードルを乗り越えるのにも役立っている。たとえば、メンフィスでは、iobyがクラウドファンディング・プラットフォームとして選ばれ、「ハンプライン」の資金不足を埋めるために約7万ドルを調達した。ハンプラインは交通分離自転車レーンであり、「ア・ニュー・フェイス・フォー・アン・オールド・ブロード」がもたらした多くの恒久的な変更の1つだ。

許可

多くの人にとって、地方自治体の許可手続きは、インターネット以前の過去の遺物だ。ほとんどのコミュニティでは、この手続きは透明性に欠け、進化していないので、タクティカル・アーバニズムのムーブメントを定義する市民主導のプロジェクトを円滑に進めることができない。しかし、許可されたプロジェクトの道を進んでいる場合、ほとんどの種類のプロジェクトで許可を取得しなければならないだろう。

建物の場合、一時的な使用または専有の許可証があれば、多くの場合、不動産所有者の許可を得ているかぎり、空いているまたは使用されていない屋内スペースを活性化できる。このような許可の制限は市によって異なるが、許可があれば、最新の建築条例、防火条例、バリアフリー条例で定められるレベルにまで引き上げなくてもよい（これは多額の費用がかかる面倒なプロセスだ）。不動産所有者との話し合いの最初から、保険の問題を解決したいと思うだろう。不動産所有者が完全に支持してくれ、その方針のもとで実施できるケースもあるかもしれない。他のケースでは、プロジェクトのスポンサー（たとえば、市や団体）は、その法的責任を最小限に抑えながら、追加の被保険者として不動産所有者を指名することもあるだろう。

パブリックスペース（歩道、街路、公園など）の場合、おそらく、プロジェクトを円滑化するために特別イベントや大規模集会の許可申請を指示されるだろう。これらは、ブロックパーティー、

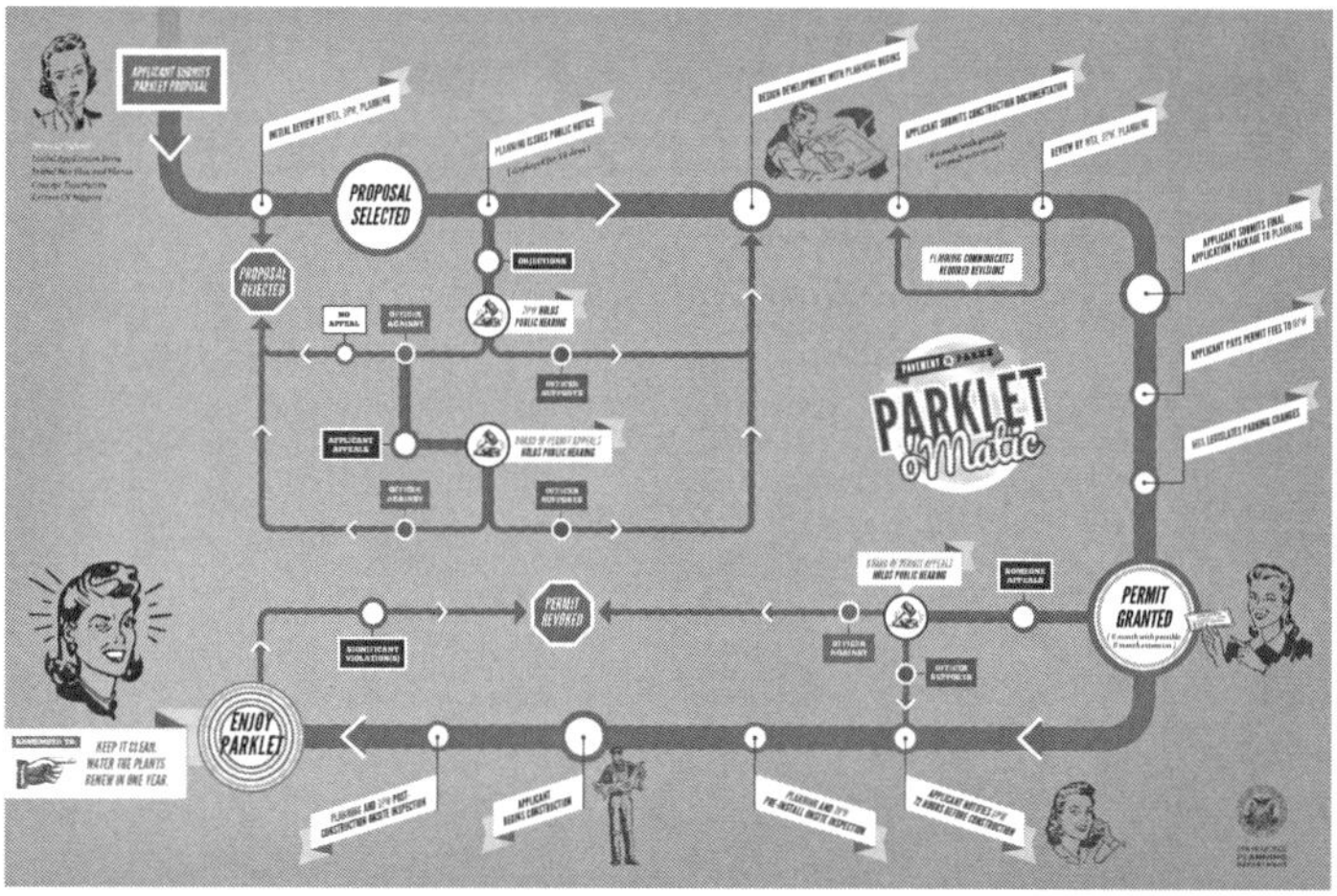

サンフランシスコのパークレット許可手続きフローチャートは、どの市のものより魅力的なデザインだ。（City of San Francisco）

コンサート、屋外アートフェア、ロードレースなど、さまざまなイベントを包括したものである。場所を選定したら、街路のさまざまな側面を管轄する機関のすべてに留意しなければならない。これには、市、郡、地域の交通局、運輸省、公園、地元の公益事業、プロジェクトの諸側面を承認する必要があるその他の機関が含まれる。

また、プロジェクトの意図に反しているように思われる、多くの言葉や要件に遭遇することも予想される。許可証担当者の連絡先を短縮ダイヤルに入れておき、わかりやすい質問をたくさんする準備をしておくこと。さらに、プロジェクトの種類と規模によっては、他のいくつかの関連する許可証（電気、テント、建物と交通の管理、ゴミとリサイクルの管理、イベント保険、販売、仮設トイレなど）を取得しなければならない場合がある。このような場合は、事務処理にかける時間と資金を増やすように計画しよう。

したがって、申請中にプロジェクトを表現する際にはできるだけあいまいにし、低額または高額コストの閾値を超えないようにプロジェクト要素を計画し、予算内かつ合理的な期限内でプロジェクトを実施できる抜け穴を見つけることをお勧めしたい。

疲れそう？　そのとおり。また、許可証担当者がよきパートナーだとしても、申請者が最初からあらゆる関連事項を完全に理解できるような、使いやすく有益なインターフェースを提供する市はほとんどない。タクティカル・アーバニズムのプロジェクトを実現しやすくする簡易許可を持っている人はさらに少ない。

これに対して、サンフランシスコやロサンゼルスなど、市民が市の改善にもっと積極的な役割を果たすことができるように、意欲的に許可手続きを簡略化し、より魅力的な公共のインターフェースを作成している市もある。

サンフランシスコのアーバン・プロトタイピング・フェスティバルはよい例だ。1年間に100の個々のプロジェクト申請を扱い続けるのではなく、市は2012年に財団や民間企業などと提携し、市のハッキングを目的とした最初のフェスティバルを支援した。旧スポンサーのグレイエリア財団のジェイク・レビタスは、「DIYアーバニズムの世界とDIYシビックハッキングの世界との類似点を見てきたが、この2つのコミュニティを結びつけて、そこからどのような可能性が生まれるかを見たいと思った」と書いた[8]。このフェスティバルには90以上のグループがプロジェクトを売り込み、2015年に再び開催される予定だ。さらに市は、独自の許可簡略化をテストする方法としてフェスティバルを利用した後、リビング・イノベーション・ゾーンを立ち上げ、柔軟な仮設の地域交流スペースの創出を奨励し容易にした[9]。

許可の有無にかかわらず、プロジェクトは友人、隣人、市のリーダーに何ができるかを示す機会である。この事実を再認識してもらい、あなたのプロジェクトを可能にするもっと簡単な方法を考えてもらおう。おそらく、このような方法で市に貢献したいと思っているのはあなただけではない。

材料を探す

対象地に焦点を合わせ、必要な資金を調達し、いつ進めるかを決定したとしても、すべてを実現するためにはまだ材料が必要だ。第一に、可能なかぎり、借りた材料、見つけた材料、リサイクル材料を使用することをお勧めしたい。これは明らかに最も安価で最も環境に優しい選択肢だ。また、コミュニティで関係を築き、寄付してくれる人をプロジェクト開発プロセスに巻き込むのにも役に立つ。経費はせいぜい材料の輸送費とお礼状ぐらいだ。ただし、場合によっては、プロジェクトを効果的に完了するために材料を購入しなければならない。必要な時と場所がわかれば、割引価格で購入できる材料が多い。

私たちは、非常に使い勝手がよい低コストの材料をいくつか発見した。ストローワトル［訳注：わらを圧縮して長い筒状にしたもの］とオレンジ色のロードコーンは、街路の輪郭を変えるのに最適で、新しいＤＩＹ交通量計数装置ウェイカウント（Waycount）を使えば、利用状況を追跡できる。ただし、これまでに使用したすべてのモノや材料を列挙するわけにはいかないので、代わりにお気に入りの材料をいくつか紹介し、必要に応じてその用途、調達、代替案に関するヒントを含めることにした。

・ペイント

少し色を加えるだけで場所の雰囲気は一変する。しかし、許可なく塗ると、特に路上の場合は、トラブルに巻き込まれる可能性がある。そのため、許可されたインターセクション・リペアのプロジェクトなどを実施しているのではないかぎり、すべての路面に跡が残らない塗料を使うことをお勧めしたい。Crayolaのウォシャブル・サイドウォーク・ペイントを使ってもよいし、自家製ペイントを使ってもよい（スプーン1杯の粉末テンペラペイント、2分の1カップの水、同量のコーンスターチを混ぜるだけ）。どちらも適度に短期間効果が持続し、プロジェクト終了時に取り除く作業はあまり必要ない。建物や殺風景な壁の場合、塗料の選択は表面によって異なる。そして、色についてえり好みしないなら、中古の「oops」ペイント［訳注：店が間違えて混合したペイント］は掘り出し物であり、ほとんどのペイント店やホームセンターで大型缶が買えるかもしれない。最後に、もっと安価で簡単に消える代替手段は、単にカラーのサイドウォーク・チョークを使うことだ。

・緑化

木々、茂み、植物を置けば、ほぼ瞬時にその場所の雰囲気が変わる。そのような緑を見つけるのに最適な場所は、地元の苗木屋や大型ホームセンター（Lowe'sやHome Depot）だ。週末に何十本もの植物や木をまとめ買いするのではなく、プロジェクトの目標を説明し、プロジェクトスポンサーとして事業を宣伝することと引き換えに必要なものを貸してくれるように依頼してもよい（これは知名度の高い許可されたプロジェクトに適している）。場合によっては、店舗、特に法人の店舗は、単に寄付として材料代を帳消しにし、材料を提供してくれるかもしれない。苗木屋は、料金を支払わないと配達と回収をしてくれないところもあるので、事前に確認しておこう。また、価格が定価の場合、商品を輸送するトラックを借りるのに必要なレンタル料と時間を比較したほう

サンフランシスコのアーバン・プロトタイピング・フェスティバル。（Kay Cheng）

がよい。本物の植物を調達することが難しい場合、地元の映画セットのデザイン会社や制作会社に、フェイクの木や茂みなどの小道具を一時的に貸してくれるように依頼することもできる。小道具に在庫があるなら、本物と比べても遜色《そんしょく》ない。最後に、植物が24時間以上、外に出ている場合、良好な状態を保つために水やりが必要だ。

・木製パレット

木製パレットは、椅子、ベンチ、テーブル、プランター、ステージ、低い壁、パークレット、スタジアムの座席など、驚くほどさまざまなプロジェクト要素に使用できる。ただし、アイデアを思いつかなくて苦労しているなら、幅広い用途を示すオンラインガイドやPinterestのページがたくさんある。また、ものづくりプロジェクト共有サイト「インストラクタブルズ(Instructables)」(www.instructables.com)を見るだけで、使い方がわかる。幸い、パレットは用途が広いだけでなく入手もしやすい。ただし、検索対象を、無毒性耐久消費財を販売する倉庫や大型ホームセンターに絞り込むことをお勧めしたい。そうすれば、清潔で頑丈なパレットを見つけやすいはずだ。状況次第では、均一なサイズのパレットが複数必要なため、巻尺を持参するか、必要量をそろえるために複数の場所でパレットを買う準備をしてほしい。最後に、安全上の理由から、側面に「ＭＢ」ではなく「ＨＴ」スタンプがついたパレットを探してほしい。ＨＴは熱処理(適当)、ＭＢは臭化メチル燻蒸処理(特に食用のものを植えたい場合は不適当)

2013年のタクティカル・アーバニズム・サロン中に仮設の緑地が加えられ、ケンタッキー州ルイビルのイーストマーケットストリートのリデザイン代替案をテストするのに役立った。（Mike Lydon）

である。すべての新しいパレットは、この記号の表示が義務づけられているので、忘れずに確認しよう。

・路面標示テープ

路面標示テープは格安な材料ではないが（15センチ［6インチ］×27メートル［90フィート］で1巻80〜120ドル）、プロ仕様で反射性があり滑り止め用だ。また、希望の幅（10、15、30センチなど［4、6、12インチなど］）のテープをオンラインで購入することもできる。予算の余裕があれば、既存の路面標示を変更したり、新たに歩道の区画を追加したりするすべての道路プロジェクト（自転車レーン、駐車場、横断歩道な

ニュージーランドのクライストチャーチにあるコモンズは、2011年の地震後に取り壊された旧クラウンプラザホテルの敷地内にある、進化する仮設のパブリックスペースのインスタレーションだ。(Clayton Prest)

ど)に使用することをお勧めしたい。もっと安価でさらに一時的な代替手段として、白色のダクトテープを使用してもよい。本物そっくりだから驚きだ!

何をするにしても、許可の有無にかかわらず、使用する材料のリストと各要素の価格を忘れずに記録すること。こうすれば、整理整頓とコストの集計ができ、改善に費やした金額がどれほど少ないかを伝えることができる。その後、必要な調整を加えてリストを他のユーザーに送れば、もしプロジェクトが成功した場合に、プロジェクトが再現できる。

どれだけ持続させたいかに応じて、

仮設の材料は、最終的に取り除いたときに痕跡を残さないようにできるはずだ。マット・トマスロの「ウォーク・ローリー」プロジェクト（第4章）は、意図的に結束バンドを使って既存の街路灯に標識を取りつけ、いざというときには、はさみで切って簡単に取り除くことができるようにした。キャンディ・チャンは最終的にニューオーリンズでのプロジェクト「I Wish This Was...（これが○○ならいいのに）」で跡が残らないステッカーを使用した。借りた植物は、苗木屋に返却することも、プロジェクト参加者に譲渡することもできる。これで、だいたいの見当がついただろう。

5 テスト：構築―計測―学習（Build-Mesure-Learn）プロセスを有効活用する

対象地を選定し、実行する内容を固め、材料を収集したら、次はプロジェクトをテストしよう。この時点で、失敗が現実味を帯びてくるか、少なくともいくつかのことが計画どおりに進まないかもしれないが、それはかまわない。むしろそれがポイントだ！

プロジェクトのテストに用いられるプロセスは、科学的手法の簡易版のようなもの、すなわち『リーン・スタートアップ』に記述されている「構築―計測―学習」である。つまり、プロジェクトを試作し、その影響を（数日、数週間、数カ月、さらには数年）計測し、その結果から学習する。3段階のプロセスは、プロジェクト提案者が全く他のことを試してみるか、長期的に投資してもよいと思えるまで、必要に応じて何度でも繰り返してよい。世界の舞台で展開されたこの

ケント州立大学アーバンデザイン・コラボレイティブの学生は、「ポップアップ・ロックウェル」プロジェクトの一環として路面標示テープを貼る。(Kent State Urban Design Collaborative)

プロセスの具体的な事例として、タイムズスクエアでは5年間の手直しと計測の末に常設のインフラになった（第4章参照）。このプロセスは、都市デザイン・シャレットのプロセスと類似点が多い。シャレットでは、素早く連続して計画の策定と再策定を行うことによってアイデアを集めて吟味し、机上の空論ではなく、フィードバックループだけが物理的な介入に至る。

・構築

タクティカル・アーバニズムの「構築」の側面は、一般市民の意見とデザイン・シャレットの勢いを活かし、計画の一部を早期に実行に移す。この短期的なアクションは、変化が可能であるとい

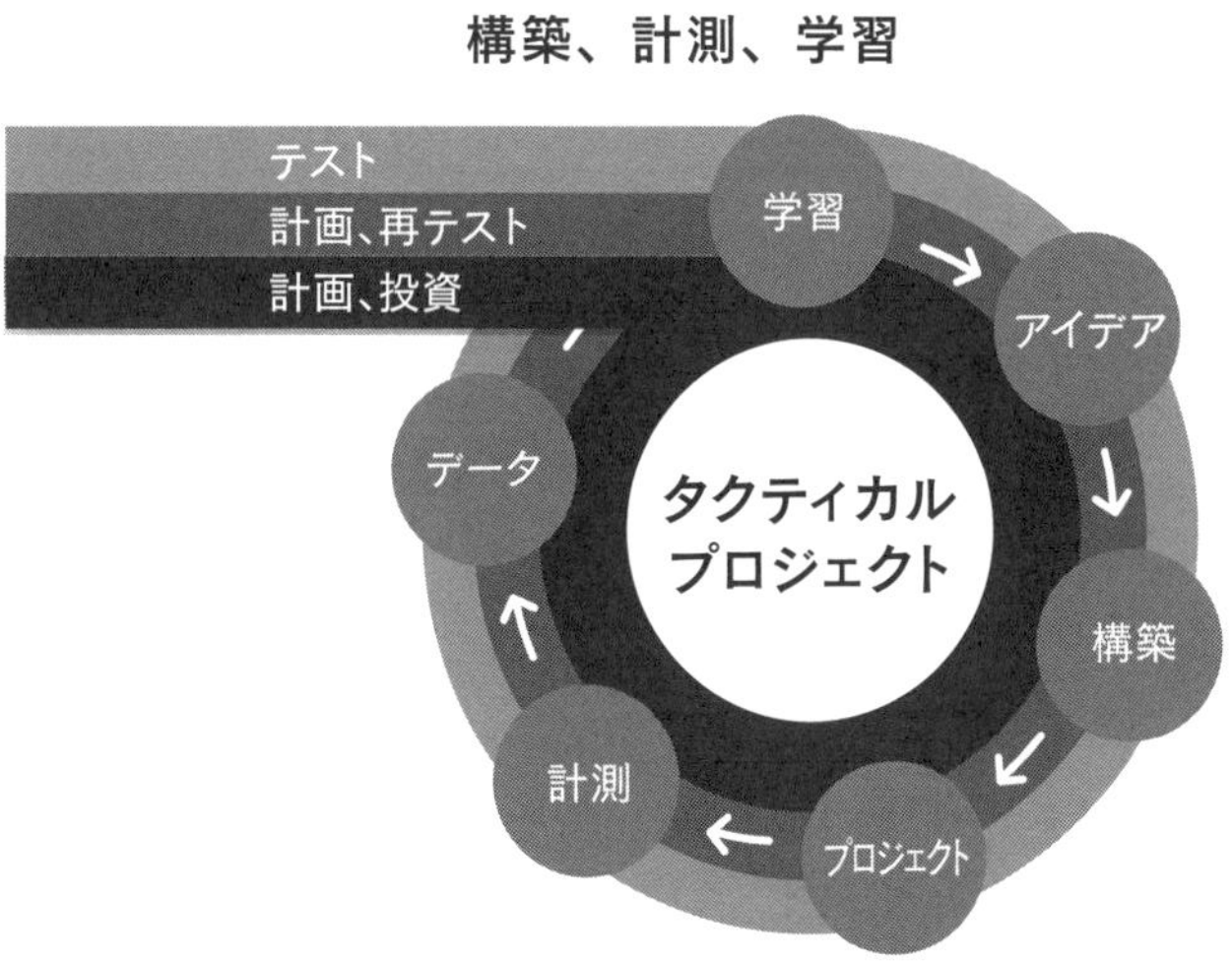

構築—計測—学習プロセス。（The Street Plans Collaborative を元に作図）

う意識、要求、認識の波及効果を生み出すことができる。

したがって、プロジェクトを試作する行為には、2つの基本的な価値がある。一つはプロセス（「実践《ドゥーイング》」という共同の行為）であり、もう一つはこれらの取り組みの具体的な結果だ。前者は、コミュニティで関係を構築し、将来的なプロジェクトのための能力を養い、プロジェクト支援者を増やすすばらしい機会になる。後者は、構築された結果を完全に公開して、あらゆる人が観察、利用、研究、批判できるようにする。許可されたプロジェクトの場合、プロジェクトの試作の完成は、すでに採択された計画、政策、取り組みの進捗状況を市と市を導く政治家に伝えるまた

ボストンのタクティカル・アーバニズム・サロンの参加者は、パレットチェアづくりに挑戦する。(The Street Plan Collaborative)

となない機会になる。

もちろん、すべてのプロジェクトが計画どおりになるわけではない。よって、未知なるものを予想して計画を立て、間違いから学ぶことを進んで受け入れよう。間違いはあるものだ！

成功を計測する（そして失敗から学ぶ）

ニューヨーク市の元市長マイケル・ブルームバーグは、「神のことは信頼している。神以外の人はデータを持参すること」と言ったことは有名だ[10]。この声明は、プラグマティズムに染まっており、ニューヨークを住みやすくするのに役立った政策と意思決定に対する市のアプローチを要約している。同時に、市が向かっている方向性も示している。ビッグデータ、オープンデータ、あらゆるデータは、まちづくりのダイナミクスについて十分な情報に基づいた透明性のある決定を下そうと努力している人々にとって、転換点になっている。ニューヨーク市で進行中の街路変革の支持者によれば、交通局には同様の例がたくさんあり、データは説得力のあるビフォー&アフターの数々を示しているので、交通と街路設計に対して市政は現状を打破するアプローチをとっていることがわかるという。

すべてものについて計測が重要になったのと同様に、タクティカル・アーバニズムのプロジェクトは、たいてい実施とほぼ同時に判断されるかもしれない。空き地がきれいになり、人々が集うポケットパークに変わり、1台分の駐車スペースが駐輪場に変わり、市民がレプリカの速度制限標識を吊るして運転者に減速を指示し、それが機能している。または機能していない場合もある。究極的には、タクティカル・アーバニズムの価値は、公の場で見ることができる物理的なデザインを通して、仮定をテストすることから引き出される。しかし、影響を計測していないなら、まだ道半ばにすぎない。

幸いなことに、成功を判断するための計測ツールと主な評価基準は、市民や行政関係者にとってこれまで以上に利用しやすくなっている。たとえば、自転車や歩行者の交通量、デシベル、交通速度、小売売上高、成功または失敗を明らかにするいくつもの定性または定量データ数値を計測する低コストの方法がある。

タクティカル・アーバニズムが政治分野で機能する理由は、現状を変えることにともなうリスクを切り離せるからだ。何がうまくいって何がうまくいかないのかをもう一度継続的に学習することができるし、それが肝心だ。

学習

近年、都市の学習方法は劇的に変化している。フィードバックループは短くなり、データは豊富になり、プロセスの何がうまくいって何がうまくいっていないかを浮き彫りにするにつれて、暗闇のなかでの手探りが少し減ってきているようだ。

おそらく、ケント州立大学クリーブランド校アーバンデザイン・コラボレイティブの大学院生たちほどうまく、この新しいアプローチを実証した人はいないだろう。大学院生たちは2012年に、クリーブランドの中心街にあるロックウェルアベニューの4ブロックに沿って、1週間にわたる「完全で環境に優しい街路」実験を行った。

「ポップアップ・ロックウェル」と名づけられたこのプロジェクトは、限界を押し広げることを意図し、市の「完全で環境に優しい街路条例」採択から恒久的な実施までの間、暫定的な措置の役目を果たした。これには、市内初の自転車道、バイオ浸透式ベンチ、改良された交通待合所、風で動くパブリックアートが含まれていた[11]。

したがって、何がうまくいって何がうまくいかなかったのか、影響を素早く評価して学習する演習だったのと同じく、構築の演習でもあった。1週間にわたって、学生たちは低速度撮影の写真、動画、インタビュー、その他のデータ収集方法を使用した。このプロジェクトは、将来のデザインの取り組みに対して多くの教訓を見出した。たとえば、以前の2倍の人々が街路を自転車で走り、店舗は最終的に駐車場がなくなっても困らず、バスは走行を続けることができたのだ。しかし、おそらく最も重要なのは、(自転車道の)交差点のデザイン処理を改善して、車のドライバーが間違って自転車道を走行しないようにしたこと、パブリックアートの視認性を高めたこと、非常に貴重だとはいえ1週間は決定的な結果を出すには短すぎる時間枠であることを、学生たちが素早く学んだことだろう。

チーム・ベター・ブロックのアンドリュー・ハワードが交通速度を記録する。(Team Better Block)

恒久的なインフラを何年もかけて計画し、数百万ドルを費やした後にこのような教訓を学ぶのではなく、学生たちはプロジェクトを構築し、影響を計測し、次のプロジェクトフェーズに活かすべきことを素早く学習できた。始まりから終わりまで、このプロセスにかかった期間は数年ではなく1学期であり、市が最近の計画の取り組みで公約を果たせるようにスマートかつ迅速で効果的な方法を提供した。そうでなければ無益なプロセスで税金の無駄遣いになったかもしれない。ほとんどの街路設計事業がこのように開発されたらよいのに！

実際に、プロジェクトのいくつかの側面がうまくいけば、よい結果を増やすと同時に、あまりうまくいかない要素から学習してほしい。この「テストしてから投資する」という考え方は、非常に多くの分野の中核を成すものであり、さまざまな都市計画とデザインプロジェクトの標準手順になるべきだ。

誘導的な質問

5段階のデザイン思考過程は、概念的にはシンプルだが、微妙な考慮事項が満載であるため、読者の皆さんが理解する役に立てば幸いだ。そこで、簡潔にするために、次の早見表をまとめた。これには、タクティカル・アーバニズムのプロジェクトに着手する前に、自分や他人に問うべき重要な一連の誘導的な質問が含まれている。この要約版「倫理規定」は、タクティカル・アーバニズムへの5段階のデザイン思考アプローチの構造を維持し、ハーバード大学デザイン大学院でタクティカル・アーバニズムに関する修士論文を書いた都市計画家のマリコ・デビッドソンと共同開発された。タクティカル・アーバニズムのプロジェクトの開発用に修正されているのは明らかだが、含まれている質問の大半はあらゆる種類のプロジェクトに適用でき、また適用すべきだ

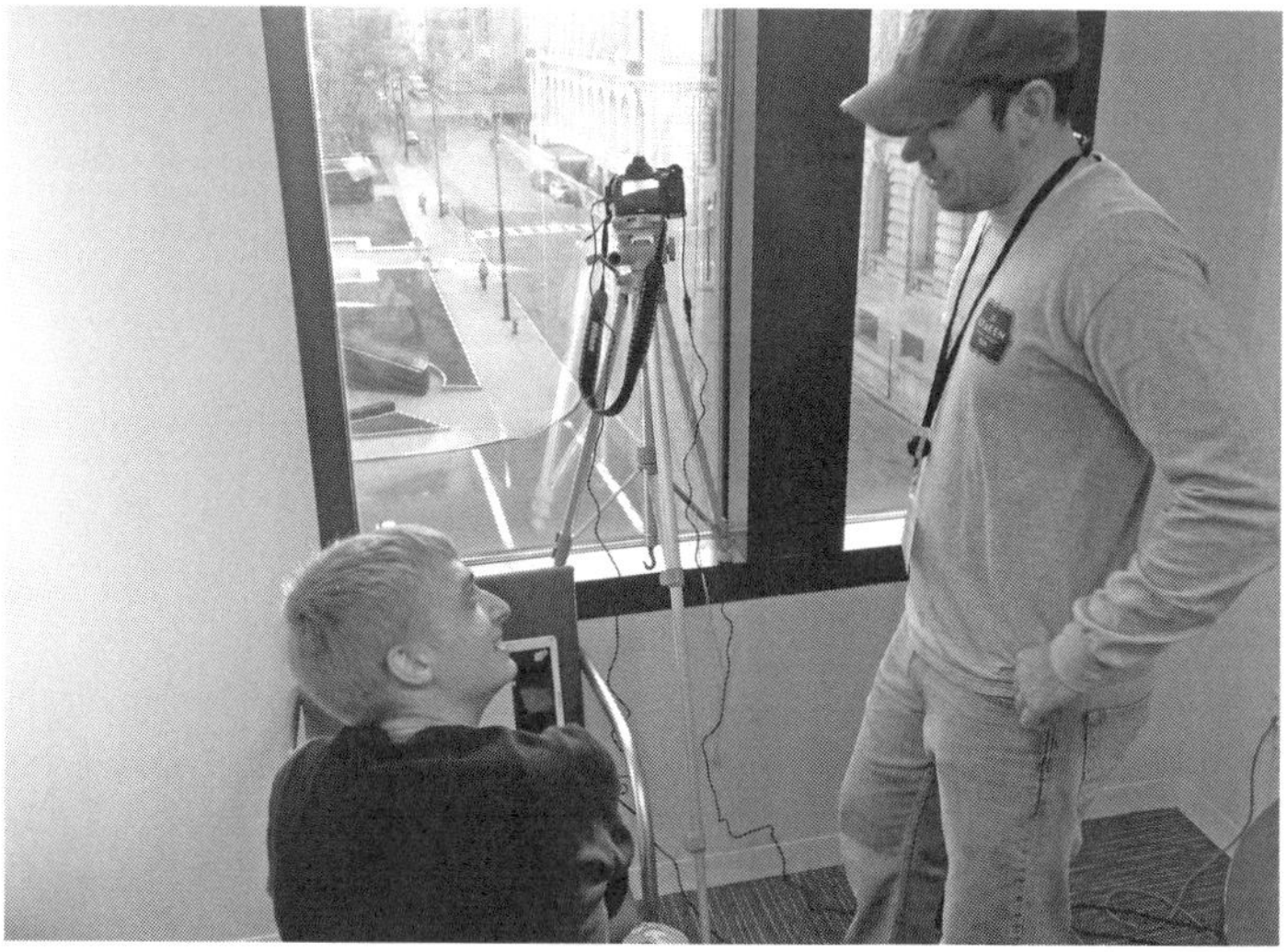

ポップアップ・ロックウェルの効果を記録する。(Kent State Urban Design Collaborative)

と考える。

共感

本当は誰のために計画またはデザインしているのかを理解すること。

・このプロジェクトの対象者は誰か？
・コミュニティで何人と話をしたか？
・コミュニティにもっと慣れ親しむ必要があるか？
・コミュニティの誰が恩恵を受けるか？　誰が受けないか？
・隣人やプロジェクトの近くに在住または在勤の人々から、より多くの賛同を得ることができるか？
・若者、高齢者、障害者、貧困層、恵まれない立場にあるマイノリティグループの参加と支援をさらに進めるために、プロジェクト提案をどのように広げることができるか？
・コミュニティに特別なニーズはあるか？
・プロジェクトを調整して、利用者の範囲を拡大できるか？
・最も恵まれない人々の立場になって考えているか？
・さまざまなステークホルダーを巻き込んで、プロジェクトを支援してもらっているか？

定義

明確な対象地を特定し、対処しなければならない問題の根本的な原因を明確にすること。
・コミュニティのニーズは何か？
・少なくとも一時的に、場所の規模とプロジェクトの範囲を縮小できるか？
・対象地の問題は地域の他の場所に存在するか？　対象地の状況は他の場所に存在するか？
・対象地の未来を告げるかもしれない関連する歴史はあるか？
・「なぜなぜ分析」の演習を用いて、対処しようとしている問題の根本的な原因を定義したか？

創造

定義された問題に対処する方法を調査し考案すること。

・プロジェクトのアイデアは、単独、小グループ、大規模な集団のいずれで考案されるか？
・プロジェクトは、特定された人々のグループに本当に現状より利益をもたらすか？
・プロジェクトは、規模と範囲の両方で、社会的および物理的な状況と適合するか？
・プロジェクトは、ほとんどの人が簡単に理解できるか？
・プロジェクトは、簡単にテストできるか？
・プロジェクトは、他の場所で簡単に再現できるか？
・実現までの道のりは、明確で比較的ハードルが低いか？
・許可または無許可のどちらのプロジェクトアプローチをとるか？
・プロジェクトは、多くの人の目に留まるか？
・他の同様の状況で実施された他のプロジェクトから、何を学ぶことができるか？

試作

迅速かつ安価に実施できるプロジェクト対応を計画すること。

・提案されたプロジェクトの長期目標を明確にしたか？
・プロジェクト実施後、どのように確実に継続していけるか？
・実施すると、どのような影響があるか？　定量的に計測できるか？　定性的にはどうか？
・地域の持続可能性、バリアフリー、公平性、健康に対処しているか？　そうでない場合、これらの問題に対処するためにやり直しができるか？
・枠組み内で機会を特定し、安全に活用できるか？
・プロジェクトに安全上のリスクはあるか？
・コミュニティの誰が助けてくれるか？
・賛同を得るために協力関係を構築できるか？

テスト

構築―計測―学習プロセスを用いて、プロジェクトを実施し、フィードバックを収集すること。
・プロジェクトを支援するさまざまなステークホルダーがいるか？
・未知なるもののために計画しているか？
・テスト中に用いる「行動につながる評価基準」を考案したか？
・学習したことをどのように伝えるか？　成功した場合は？　失敗した場合は？

誰もが変化を起こすことができる。（Kara Wilbur）

06

まとめ：
まちに出て、この本を使おう！

自分たちのまちと自分たち自身をつくり、つくり変える自由は、人権のなかで最も大切でありながら最もおろそかにされているものの1つだと、主張したい。

――デヴィッド・ハーヴェイ

（ニューヨーク市立大学大学院センター人類学・地理学特別教授）

私たちの事務所は、過去4年間、世界的なタクティカル・アーバニズムの実践を記録し適用することに関わってきた。正直に言って、4年はそれほど長くはなかった！　とはいえ、「実践《ドゥーイング》」からたくさんのことを学んだ。まず、タクティカル・アーバニズムの手引きを書いたこと、次に、熱心な市民、革新的な行政のリーダー、賢明なデベロッパー、前向きな社会活動団体と連携したことから得たものは大きい。

私たちが学んだのは、タクティカル・アーバニズムは単にふいに現れるものではなく、常にまちづくりの過程の一部だということだ。中央集権化されたトップダウンのまちづくり事業が確立されるずっと以前に、人間の集落は、現実的な日常生活のニーズに対するバナキュラーな対応として何千年も存在していた。そして、引用したデヴィッド・ハーヴェイの言葉が示唆するように、人間が自分たちを取り巻く環境をつくりたいと思うのは、ごく自然なことだ。しかし、今日の厳しく規制された官僚社会では、市民主導の都市開発やパブリックスペースの習慣的な使用を許可することは、ほとんど考慮されない。

なぜだろうか？

これらのアプローチは最優先されなければならない。市のリーダーやコンサルタントの主導の下だけで行うのではなく、近隣のプロジェクトを「共同開発」したいと考える市民が増えており、そのために（そして他の理由からも）私たちはかなりの労力を費やして、この本でタクティカル・アーバニズムのムーブメントを定義した。また、その歴史をさらに掘り下げ、お気に入りの事例をいくつか紹介する機会を満喫した。しかし何よりも、タクティカル・アーバニズムは、改善点として役目を果たしてきた。

私たちは、タクティカル・アーバニズムが唯一のアイデアだとは考えていない。それは、常にまちを住む価値のあるものにしてきた時代を超えた原則を、適用し拡大したものだ。私たちは、コンパクトかつ歩行者に優しく、公平で、願わくは陽気な共生の場を創出する道のりにおいて、この本で提示するアイデアが、重要で失敗も少なくない手順を提供するという立場をとっている。

そして、私たちは、街路や近隣がその可能性を引き出すのを見てみたい。活気あふれる中心街を見てみたい。歴史建造物が現代の用途に合うように改修および再生され、交通プロジェクトが安価かつ迅速に実施され、公共事業と都市計画部門が市民のニーズに迅速に対応するまちになればよいと思う。行政の立場から、面倒で時代遅れの規制を撤廃すれば、都市の状況はよくなるだろう。たとえば、「別棟」の増築基準の緩和から、インフラ事業関連の事務処理削減、使いやすいパークレットプログラム提供まで、規制緩和とプロジェクトデリバリー方式の簡略化が必要だ。そしてお願いだから、行政手続きをすべてオンライン化してほしい！

これらの目標はすべて、この本で提示した多くのアイデアを取り入れることによって達成できる。しかし、「より気軽に、より安く、より迅速に」結果を出すためには、地方自治体やデベロッパー主導のプロジェクトの既存のプロセスを再考するだけでなく、住みやすいまちを求めて奮闘する、熱心な共同制作者や社会活動団体などが、今すぐまちづくりに参加できるようにしなければならない。50年後では遅いのだ。

「タクティカル・アーバニズム」という用語は、このムーブメントを形容するようになった。しかし、この用語は実際に周知されているとはいえ、都市計画用語の一つであり、一般の人々と都市計画の専門家（つまり、多くの読者と私たち著者）との間に認識の差があることが、初めてわかった。それは私たちの目標ではない。そこで、活動仲間または受益者がこの用語を不快または難解に感じているとわかったら、別の用語を使うことを検討してほしい。一般的な語として、「行動計画」と「実践《ドゥーイング》による計画」の2つに置き換えるとよい。あなたが活動を何と呼んだとしても、この本を読み終えた後、本当に重要なのはプロジェクトの範囲と意図であり、プロセスの完全性であることを理解していただけたら幸いだ。
最後に、タクティカル・アーバニズムのムーブメントは発展して、困難な時期とは言わないまでも、ようやくおもしろい時期に到達した。急速な都市化が続くにつれて、一つ明らかになったことは、地球規模の気候変動とグローバリズムの収穫逓減に取り組み続けても、人的資源、経済資源、天然資源は厳しくなる一方だということだ。少ないもので多くのことをしなければならないため、「実践《ドゥーイング》」はキーワードだ。私たちは仕事でこの課題に触発され、他の人々が失敗や挫折を乗り越えてどのように成功させたかについて、深く考察し読者の皆さんに紹介できてうれしく思う。最終的には、皆さんにとって最も重要な場所、つまり自宅前、路上、近所でぜひ行動を起こしてもらいたい。やはり、このような場所を改善するためには、仲間の市民、行政のリーダー、またはその両方と連携しなければ、なかなか活動の規模拡大は難しいだろう。

よって、あなたの2000ドルのプロジェクトが地方自治体や民間から200万ドルの投資を引き出すことも（そもそも話題にすべきか？）、地面にペイントを塗ったらたちまち自分の市の美しい広場に変わることも保証できないが、「誰か」が行動を起こさないかぎり、何も変わらないことは約束できる。この本を読んで何かを感じたなら、行動を起こすべき人は「あなた」だ。だから、本を閉じてとりかかろう。今日にでも！

ストリート・プランズとストロング・タウンズは、アイダホ州ポンデレーで横断歩道を改善し、安全島をテストした。(Jim Kumon)

邦訳書に寄せて

泉山塁威

邦訳が生まれた背景と意義

2015年、本書の原著である *Tactical Urbanism: Short-term Action for Long-term Change* が出版されてから、8年が経過した。アメリカのまちづくりが日本にくるのに20年かかると言われていたのに比べると、随分早いともいえる。近年のSNSの普及により、海外の情報はより早く届き、よりネットワークはつながりやすくなっていることが大きいだろう。

この8年の間には、いろんなことがあった。私は2017年にアメリカ・ニューヨーク・ブルックリンを訪れ、本書の著者であるマイク・ライドンに会いにいった。ブルックリンを案内してもらったり、1時間ほどタクティカル・アーバニズムについて議論をした。2019年には、大林財団や各社スポンサー企業の賛同を得て「Tactical Urbanism Japan 2019」[1]として、マイク・ライドンともう一人の著者アンソニー・ガルシアを日本に招聘し、1週間ほどシンポジウムやマスタークラス（人材育成講座）を行った。そして、当時の登壇者らを中心に、2021年に『タクティカル・アーバニズム――小さなアクションから都市を大きく変える』（学芸出版社）[2]（以下2021年本）をまとめた。日本での実践事例や応用についてまとめているので、きっと、日本の実践者（タクティシャン）には役立つだろう。

この8年を概観すると、日本では社会実験やパブリックスペースの規制緩和により、パブリックスペース活用が広く注目されるようになった。2011年以降の「道路占用許可の特例」、「都市再生推進法人」などの制度制定により、道路空間活用やエリアマネジメントが国や各自治体により促進され、2017年には公募設置管理者制度（通称：Park-PFI）による民間企業を含んだ公民連携によるパークマネジメントの展開などのパブリックスペースの規制緩和が展開された。さらに、2020年には都市再生特別措置法の改正により、「居心地が良く歩きたくなるまちなか」（通称＝ウォーカブル）の推進や、道路法改正による「歩行者利便増進道路」（通称＝ほこみち）制度の創設などが展開された。これに伴い、そのパブリックスペースの特例制度を指定・認定を受けるのに向けて、社会実験などで実験的活用を行い、効果検証や可能性を検証するフィージビリティスタディが各地で実践されている。これらは、2013年から始まった水辺活用のムーブメント「ミズベリング」[3]、2015年から屋外パブリックスペースのムーブメントを目指すメディア『ソトノバ』[4]らの情報発信・普及啓発なども実践と共に並走したことが要因ではないかと考える。このようにパブリックスペース活用の動向は枚挙に暇がない状況にあり、都市やパブリックスペースへのアクション、実践が各地に広がっている。

一方で、2020年には新型コロナウイルス感染症の蔓延による世界的な大災害があり、私たちは生活や価値観など目まぐるしい変化を目の当たりにした。コロナ後にはフランス・パリ市は、

15分都市[5]、よりウォーカブルな住民生活の豊かさを政策に掲げ、またアメリカ・ニューヨーク市は、Open Restaurants[6]などによって飲食店救済のための道路上の路上客席や路上駐車場をパークレットにするなどの許可の規制緩和があり、これらは世界中の各都市でも展開した。コロナからの回復に向かう世界で、各都市に息づく実践者によってタクティカル・アーバニズムが展開されただろう。それらのリサーチはまたの機会に譲るが、2023年に本書「Tactical Urbanism: Short-term Action for Long-term Change」の邦訳版として、タクティカル・アーバニズムを再び日本で伝える意義は深い。

本書の特徴

本書は以下の構成になっている。

まえがき／アンドレス・デュアニー
序文
謝辞
01　型を破る
02　タクティカル・アーバニズムの着想の源と前例

「まえがき」は、アメリカの建築家であり都市計画プランナーのアンドレス・デュアニーによるものである。アンドレス・デュアニーは、ニューアーバニズム会議（Congress for the New Urbanism／CNU）[7]の創設者であり、CNUは原著者のマイク・ライドンが「Tactical Urbanism」を初めてとりまとめたコミュニティ（CNU NextGen: The Next Generation of New Urbanists［次世代の新たなアーバニスト］）[8]である。アンドレス・デュアニーは、建築家レム・コールハースが建築物のタイプを分類した「S、M、L、XL」の不完全性に言及し、再開発などの「XL」の失敗に対して、極小の「XS」の意味や取り組み、タクティカル・アーバニズムに可能性と期待を込めている。

「序文」では、著者のマイク・ライドン、アンソニー・ガルシア2人のストーリーが描かれており、2人の人物像やタクティカル・アーバニズムへの着想や原著の背景などがまとめられている。タクティカル・アーバニズムが生まれた要因や視点を垣間見ることができるだろう。

「01　型を破る」では、タクティカル・アーバニズムとは何か、DIYアーバニズムとの違い、戦略と戦術などの概説のほか、市民がどう行動していくべきか、その必要性からツールまでが描かれている。タクティカル＝戦術であり、どう動かすか、行動するかに主眼が置かれていることがわかる。

「02　タクティカル・アーバニズムの着想の源と前例」では、グリッド都市など古代から培われた都市計画から、移動図書館、ブキニスト、キッチンカーなど、海外都市で既に機能してきた、タクティカル・アーバニズムの前例を紹介している。

「03　次のアメリカの都市とタクティカル・アーバニズムの台頭」では、タクティカル・アーバニズムが近年北米で注目されている要因として、都心回帰、リーマンショックなどの大不況、インターネットやSNSの急速な普及、行政と市民の断然の拡大の4点をあげ、それらを概説し、タクティカル・アーバニズムが注目される要因を紹介している。

「04　都市と市民について：タクティカル・アーバニズムの5つのストーリー」では、5つの成功したタクティカル・アーバニズムの具体的なストーリー（事例）を通じて、現状打破を目的とした短期的なアクション（戦術）がどのように空間や政策などの長期的変化につながったのかを解説している。

「05　タクティカル・アーバニズムのハウツーマニュアル」では、デザイン思考（やリーンスタートアップ）の枠組みを紹介し、タクティカル・アーバニズムの実践手法について紹介している。これらの各フェーズごとに事例を交えて紹介しており、理論的枠組みを実践事例とともに追体験しながら読み進めることができる。

「06まとめ：まちに出て、この本を使おう！」では、原著の意義として、タクティカル・アーバニズムのムーブメントを定義づけたこと、タクティカル・アーバニズムのアプローチが疲弊した行政の仕組みや慣習を変え、地域団体や市民が一緒に（公民連携で）変えていく、その可能性や期待がまとめられている。

アメリカ発のタクティカル・アーバニズムは日本で実装可能か

アメリカ発のタクティカル・アーバニズムは日本で実装可能か、疑問に感じる読者もいるだろう。原著の邦訳だけでは、アメリカのタクティカル・アーバニズムを読み解くことにしかならない。「2021年本」に日本でのタクティカル・アーバニズムの実装について原稿を寄せ、日本の事例についてもまとめているので、併せて読み解いて欲しいが、改めて本書を読み進めた読者に向けて、最新の認識（2023年1月現在）を踏まえて、解説したい。

アメリカと日本の共通項

タクティカル・アーバニズムに限らず、横文字やカタカナを嫌う人が多いのが日本の特徴である。海外都市は、国や文化、言語が違えど、いいアイデアを積極的に採用し、コピーではなく、自分の都市にローカライズしながらアイデアを採用しているため発展や進化が早い。多くのアイデアやインプットを持ち合わせ、取捨選択とローカライズしながらの議論と実践の試行は、日本でも学ぶべき点が多いだろう。

しかし、タクティカル・アーバニズムは、アメリカに限らず世界中に展開されている。タクティカル・アーバニズムの実践ガイド「Tactical Urbanism Guide」は、vol.1と2は北米であるが、vol.3は南米（言語もスペイン語）、vol.4はオーストラリア、ニュージーランド、vol.5はイタリア、vol.6は日本と、アメリカ以外の国に展開していることがわかる[9]。タクティカル・アーバニズムは世界中のムーブメントであり、もはや無視することはできない。

それでは、あえてアメリカと日本の共通項を探ってみよう。大きく2点あるのではないかと考える。

1点目は、自動車から人中心の空間への転換である。日本では戦後以降、車中心の都市構造や都市政策が推進されてきた。しかし、徒歩圏を中心としたウォーカブルな城下町の都市構造や商店街は壊れていき、地域資源やかつての地域経済圏の再生を求める声は少なくない。ただ、特に都心を中心に世界有数の鉄道が発達した国でもあり、TOD（Transit Oriented Development［公共交通指向型開発］）の素地がある。これらを踏まえて、自動車中心から人中心の空間を求めるニーズは高まっている。例えば、東京・丸の内仲通りでは、国家戦略特区（国家戦略道路占用事業）の認定を受けて、仲通りを日常的な歩行者空間に転換した「丸の内アーバンテラス」や季節ごとにより常設的な多面的な歩行者中心空間活用として、「MARUNOUCHI STREET PARK（丸の内ストリートパーク)」を2019年より展開し、丸の内のメインストリートとして車道を人工芝にし、これがシーズンイベントとなっていることやMICE(多くの集客が見込まれるビジネスイベントなどの総称)の観点からも外国人観光客や国際会議参加者のユニークベニューの役割も果たしている。これらのような歩行者空間に転換する取り組みは東京だけではなく、大阪市「なんば改造計画」、姫路市大手前通り「ミチミチ」、広島市「カミハチキテル」など、地方都市でも展開している状況にある。

2点目は、ミレニアル世代以降[10]の都市づくりである。2050年、ミレニアム世代以降の人口は日本で70%を超える。世界ではさらに総人口で占める割合は多い[11]。これまでの価値観は、自動車に乗り、郊外の戸建てマイホームを建て、百貨店で買い物をし、昇進を目指し馬車馬のように定年まで働き、人生のドリームゲームを描くというものであった。現在の都市構造や中心市街地はこの価値観の元につくられている。しかし、ミレニアル世代以降の価値観は、必ずしも自動車に乗るわけではなく、むしろ自転車やシェアモビリティを好む。郊外の戸建てマイホームだけではなく、都心のマンション、あるいは必ずしも分譲ではなく賃貸や住宅のサブスクサービス(HafHなど)も台頭している。百貨店で買い物をする人は減り、もっと時間消費やコト消費にお金を使い、物が欲しければ、アマゾンなどネットショッピングで気軽に購入するようになった。働き方は多様化し、ワークライフバランスを意識し、仕事の興味や意義が変われば転職するなど、より自身の仕事の意義へのこだわり、あるいは仕事以外の自分や家族との時間を好む。このような価値観のパラダイムシフトは都市構造や中心市街地に変化をもたらしていく。上記の自動車から人中心へ（ウォーカブル）というのも含まれるが、他にも効率重視からＱＯＬ（生活の質：Quality of Life）重視への行動習慣とライフスタイル、にぎわいからパブリックライフへの訴求、環境志向やＳＤＧｓ対応などの意識や本気度は世代が若いほど高い。また、これまでの社会システムや制度を壊し、あるいはアップデートし、自分の生活を豊かにしようと行動する動きは、若者の政治参加やデモ、あるいはコミュニティデザインなど地域への貢献や活動への参加などにも見て取れる。

「新時代」と呼ばれる現在、自分たちの世代が暮らしやすく、活動しやすい社会や都市にしていくために、これからの都市や地域のビジョンの方向に敏感になっており、これまでの規定路線に向かう流れが明らかに異なっていると感じる場合、自分たちができる行動をしていかないと、自分たちの世代が割を食うことに気づいている。

これらはアメリカも日本も、多少の大小の差などはあれど、共通しているベクトルである。

アメリカと日本の違い

では、アメリカと比較して、日本は何が異なるのか。また、タクティカル・アーバニズムを実践する上で、何が課題で独自に考えなければならないのかを考察したい。

国民性

国民性を変えるのは容易ではないが、その違いを理解することはタクティカル・アーバニズムを実践する上で役立つだろう。アメリカは、自ら独立を勝ち取った1776年の独立宣言により、アメリカ合衆国が誕生した。また、州によって州法という法律によって自治がなされている。そのため、自分たちの街は自分たちでつくるという意識が強い。一方で日本は長きにわたり、幕府や天皇が統治し、国民は奉仕、奉公をしてきたため、現在でも納税によって公共事業や公共サービスを受けるという関係が強い印象がある。タクティカル・アーバニズムが規制を突破する市民アクションであるという視点に立てば、最初に発意するタクティシャン（実践者）が発意したり、行動することはアメリカに比べると起こりにくいかもしれないことがわかる。

しかし、成功事例など話題となる事例には必ずといっていいほどキーマンが存在する。民間プレイヤーや地域団体、あるいは自治体職員の場合もある。人、人材だから方程式のようにはいかないが、どう自分ゴト化して都市や街の課題や改善（より良くすることも含めて）に取り組む人が現れるかが勝負どころである。全ての人がキーマンになることは不可能で、多くの場合、キーマンの活動や想いに共感し、仲間や賛同者が現れる。そうやって楽しく、チームや組織で活動が展開されると大きな展開に躍動する。タクティカル・アーバニズムでもデザイン思考が取り上げられている点もこの点に寄与する。アイデアを試作（プロトタイプ）し、共感を得て、プロジェクト化していく。そう考えると、最初の一人のタクティシャン（実践者）となるキーマンは、起爆剤でもあり、プロジェクトのスタートでもある。課題としては、最初の一人の想いとアクションが生まれやすいきっかけや環境をどうつくるか、そして、出る杭を打たずにどのようにしてその杭を育てるか、という点が日本でもっと出てくると、タクティカル・アーバニズムのプロジェクトは増えてくるかもしれない。

国と自治体の法制度の関係：オーダーメイドでつくる制度づくり

前述の通り、アメリカの法制度は州法になっている。多くの場合、各州に大都市があり、大都市で独自に制度をつくり、州法に位置付けて（あるいは州と連携して法律制定）法制度化する。同じ州の他の自治体は大都市のやり方を模倣し、自治体の規模によってローカライズして導入する。つまり、アメリカは法制度をオーダーメイドで自治体（州）ごとにつくっていることになる。一方で日本はどうだろう。日本は国・政府が法制度をつくり、国がつくった法制度を自治体が使うという構図になっている。国はつくった法制度を使ってほしいので、ガイドラインや手引き、事例集やポータルサイトなどをつくって制度の使い方や先進事例を広報していく。法制度の仕組みは個人単位ではどうにもならないので、違いを自覚することが大事である。また、課題として、法制度をつくる側の国は実践フィールドの現場がないため、各自治体から課題やニーズを吸い上げる必要がある。自治体側は、自分たちで法制度をつくっていないので、国がつくった法制度や方針に従っていく、あるいは補助金目当てに制度を使うことも起きている現状にある。要は日本は手段が目的化しやすい構図になっているのだ。自治体は自分たちで制度や仕組みをつくる構図になっていないし、アメリカの自治体のように都市デザイナーのような都市系の専門職は日本の自治体にはいない[12]。最近では、広場条例など、自治体独自に条例をつくる動きや、手引きやガイドラインなどをつくる動きはある。あるいは、大阪版BID条例[13]のように、既存制度を組み合わせて自治体が仕組みをつくる動きもある。都市によって状況が異なるのは明らかで、自治体ごとにいかに独自の仕組みをつくり、市民ニーズやタクティシャンのアクションを応援するかが自治体側で必要な点になろう。

タクティカル・アーバニズムの由来と日本独自のタクティカル・アーバニズム

2021年本では、中島直人氏が「ニューアーバニズムなき日本のタクティカル・アーバニズム」と題して論説している。ここでは、ニューアーバニズムの素地、自動車依存度の違い、デザインシャレット文化と専門家のあり方の違いを指摘している。元々、CNU NextGenというニューアーバニズム会議の親睦団体のフェローシップから「Tactical Urbanism Vol. 2」が生まれている。このことからもニューアーバニズム運動の流れから、タクティカル・アーバニズムがあることがわかる。

ニューアーバニズムとは、アメリカの戦後に急速に発展した都市のスプロールと社会、経済、環境などの課題解決のための都市デザイン理論である。1981年のシーサイド建設（アメリカ・フロリダ州）に始まり、ピーター・カルソープやアンドレス・デュアニーらがニューアーバニズム会議を組織し、1991年のアワニー原則、1993年のニューアーバニズム会議、1996年のニューアーバニズム憲章、2000年にスマートコード[14]として都市計画に実装された。ピーター・カルソープはTOD（Transit Oriented Development［公共交通指向型開発］）を取り入れ、自動車依存型都市からの脱却として公共交通の充実した都市デザインのあり方を提唱している。しかし、本書・序文のマイク、トニー双方のストーリーにもある通り、アメリカ・フロリダ州・マイアミでのスマートコードの実装における都市計画プロセスには疑問が持たれている。特に現場や市民が無視された自治体による市民参加プロセスである。これは日本でも同様の憤りを感じる人も多いだろう。こういったことが、あえてニューアーバニズムを批評的にみて、市民からの小さなアクションから始めていくアーバニズムを「タクティカル・アーバニズム」と称している由来である。

日本の都市計画・都市デザインはアメリカの影響を大きく受けているが、ニューアーバニズム運動のようなものは起きていないし、元々の自動車依存度の違いや鉄道が世界一発達しているという都心部などの都市の状況は異なる。こういった背景を理解しておき、日本では独自のタクティカル・アーバニズムを展開していく必要がある。

日本では、この20年で公民連携やエリアマネジメントが盛んに発達してきた。商店街やエリアマネジメント団体などの地域共同経営体のような組織は、日本で強く発達している。しかし、個人などの属人的な力やその場での対話や信頼で成立している部分が大きいため、持続的な仕組みになっていない。また、人に依存しているため、人材の高齢化や離脱などで、人材がうまく継承されないことや、新陳代謝が進まないことで、機能不全に陥りやすい。このような状況になっている地域は日本では多くなってきた。そこで、何か変えていこうとする市民の発意や動機が日本のタクティカル・アーバニズムには求められる。

他分野との連携・融合でタクティカル・アーバニズムは広がりを見せる

現在の日本のタクティカル・アーバニズムは、都市計画やまちづくりの枠の中に収まりすぎている。アメリカでは、道路のペイブメントをアーティストがペイントする「ストリートミューラル」の事例が多く存在する。あるいは、ニューヨークのStreet Lab.[15]の取り組みでは、ポップアップの図書ライブラリーワゴンをまちなかに展開し、格差社会などで教育の受けられない状況や居場所のない子どもに対して、絵本や本を読み、あるいは遊ぶことのできるポップアップ広場を仮設的に実施している。これらの取り組みを見ても、アート、教育、福祉などの分野の取り組みがタクティカル・アーバニズムに包含されていることがわかる。他にも、コンポスト（生ゴミ処理機）を用いた都市農業の取り組みや食、環境、ＳＤＧｓなどの取り組みもあるだろう。地域や社会的課題に対して、どうパブリックスペースやタクティカル・アーバニズムを展開していくか。日本でも萌芽的な取り組みがいくつか見られているが、それらをどんどん育て、広めていくことがさらに求められていく。その際に「タクティカル・アーバニズム」という言葉を使っていなくてもいい。その実践者や市民の発意と行動が地域、都市、そして、世界を変えていくのだろうと思う。

注釈

＊1　「12／10、11、13：マイク・ライドンら来日！「タクティカル・アーバニズム・ジャパン２０１９」開催！」(https://sotonoba.place/tacticalurbanismjapan2019)／「都市を都市として機能させるための戦術――タクティカル・アーバニズム ウェビナー&オープントーク #TUJ2019 #1」(https://sotonoba.place/tuj2019-1)／「マイク・ライドン本邦初講義！――タクティカル・アーバニズム アカデミックサロン #TUJ2019 #2」(https://sotonoba.place/tuj2019-2)／「日米のパブリックスペース実践者が集結！――タクティカルアーバニズムサロン 前編 #TUJ2019 #3-1」(https://sotonoba.place/tuj2019-3-1)／「小さなアクションを実践せよ！――タクティカルアーバニズムサロン 後編 #TUJ2019 #3-2」(https://sotonoba.place/tuj2019-3-2)／「小さなアクションから長期的変化につなげる――日本のパブリックスペースの現在地――タクティカル・アーバニズム国際シンポジウム #TUJ2019 #4」(https://sotonoba.place/tuj2019-4)／「神田が生まれ変わる小さくて大きな一歩!?――マスタークラス＋神田サロン #TUJ2019 #5」(https://sotonoba.place/tuj2019-5)

＊2　「タクティカル・アーバニズム：小さなアクションから都市を大きく変える」泉山塁威ほか編著、マ

イク・ライドン、アンソニー・ガルシアほか著、学芸出版社、2021

＊3　まだまだ十分に活用されていない日本の水辺に対し、新しい水辺の活用の可能性を切り開くための官民一体の協働プロジェクト。https://mizbering.jp/

＊4　屋外・パブリックスペースの居場所づくりを目指すウェブメディアであり、パブリックスペース・スタートアップ。https://sotonoba.place/

＊5　日常のほとんどの用事を徒歩や自転車で済ますことができる都市計画概念であり、徒歩15分圏内の豊かさの向上が注目されている。オーストラリア・メルボルンでは、20分圏ネイバーフッドがある。

＊6　ニューヨーク市が進めるCOVID-19後の飲食店救済のための路上客席を許可するプログラム。ニューヨークでは歩道、車道に1万件を超える路上客席が展開された。
https://www.nyc.gov/html/dot/html/pedestrians/openrestaurants.shtml

＊7　CNU：the Congress for the New Urbanism https://www.cnu.org/

＊8　CNU NextGen: The Next Generation of New Urbanists http://archive.cnu.org/nextgen

＊9　それぞれの実践はウェブで公開されている。

「Tactical Urbanism Vol. 1」The Street Plans Collaborative, Mar 13, 2012, https://issuu.com/streetplanscollaborative/docs/tactical_urbanism_vol.1

「Tactical Urbanism Vol. 2」The Street Plans Collaborative, Mar 2, 2012, https://issuu.com/streetplanscollaborative/docs/tactical_urbanism_vol_2_final

「Urbanismo Tactico (Vol. 3)」The Street Plans Collaborative, Jun 14, 2013, https://issuu.com/streetplanscollaborative/docs/ut_vol3_2013_0528_17

「Tacticalurbanism vol.4」The Street Plans Collaborative, Oct 23, 2014, https://issuu.com/streetplanscollaborative/docs/tacticalurbanismvol4_141020

「Tactical Urbanism Volume 5: Italy」The Street Plans Collaborative, Mar 13, 2017, https://issuu.com/streetplanscollaborative/docs/tu_italy_eng

「Tactical Urbanism 6」は、2023年2月現在製作中

＊10　ミレニアル世代は、2000年以降に成人を迎えた1980年から1995年生まれを指し、自身の成長とともにデジタル機器の普及を共にした世代であり、インターネット環境の整備が飛躍的に進んだ時代に育ち、情報リテラシーに優れ、インターネットでの情報検索やSNSを利用したコミュニケーションを使いこなす。Z世代は1996年から2015年生まれに生まれた世代とされ、デジタルの世界が当たり前になった社会に育った世代で、「デジタルネイティブ」とされる。特にスマートフォンやSNSなどの利用が早く、そのSNSもInstagram、TikTokなど動画を中心としたSNSを駆使していることがミレニアル世代とは大きく異なる。

＊11　「令和3年版　通商白書」P134、第Ⅱ-2-1-9図、経済産業省による。人口データの出典はUN（国際連合）によるもの

＊12　日本の自治体に所属しているのは建築職、土木職のみで、確認申請などを扱う建築主事や土木工事などに多くの人が配属されている

＊13　大阪版BID条例とは、「大阪市エリアマネジメント活動促進条例」のことで、2014年に既存の法制度「都市再生推進法人」「都市再生整備計画」「都市利便増進協定」「道路占用許可の特例」および負担金条例を組み合わせることで、エリアマネジメント活動財源を負担金として確保する条例を大阪市が制定した。グランフロント大阪が適用事例となっている。

＊14　スマートコードはニューアーバニズムを実装するための新たな都市計画の開発規定である。

＊15　https://www.streetlab.org/（以上、ウェブサイトは最終閲覧2023年3月）

原著注釈

第1章

1. Nabeel Hamdi, *The Placemaker's Guide to Building Community*, Earthscan Tools for Community Planning (London: Routledge, 2010).
2. Ethan Kent, "Rose Kennedy Greenway 'A Design Disaster,'" Project for Public Spaces blog, April 30, 2010, http://www.pps.org/blog/rose-kennedy-greenway-a-design-disaster/.
3. Editorial, "How to Fix the Greenway," *The Boston Globe*, April 18, 2010, http://www.boston.com/bostonglobe/editorial_opinion/editorials/articles/2010/04/18/how_to_fix_the_greenway/.
4. Robert Campbell, "How to Save the Greenway? Make It a Neighborhood," *The Boston Globe*, April 25, 2010, http://www.boston.com/ae/theater_arts/articles/2010/04/25/how_to_save_the_rose_kennedy_greenway_from_emptiness_and_disconnection/?page=full.
5. http://en.wikipedia.org/wiki/The_Toyota_Way（2017 年 7 月 21 日閲覧）。
6. http://theleanstartup.com/principles（2017 年 7 月 21 日閲覧）。
7. William H. Whyte, *City: Rediscovering the Center* (New York: Doubleday, 1989). W.H. ホワイト『都市という劇場――アメリカン・シティ・ライフの再発見』柿本照夫訳、日本経済新聞社、1994 年
8. Jessica Grose, "Please, Pinterest, Stop Telling Me How to Repurpose Mason Jars: DIY Culture, Homemaking, and the End of Expertise," August 4, 2013, http://www.newrepublic.com/article/114144/pinterest-effect-rise-diy-and-end-expertise.
9. SPUR, "DIY Urbanism: Testing the Grounds for Social Change," *The Urbanist* 476 (September 2010), http://www.spur.org/publications/article/2010-09-01/diy-urbanism（2017 年 7 月 21 日閲覧）。
10. Celeste Pagano, "DIY Urbanism: Property and Process in Grassroots City Building," *Marquette Law Review* 97 (2014), 1.
11. Parkside Park-In, Buffalo, NY, November 6, 2013, http://www.youtube.com/

watch?v=JVhiVA1iqVs（2017 年 7 月 21 日閲覧）。

12. Alia Wong, "Don't Walk: Hawaii Pedestrians, Especially Elderly, Die at High Rate," *Honolulu Civil Beat*, September 2, 2012, http://www.civilbeat.com/articles/2012/09/04/17004-dont-walk-hawaii-pedestrians-especially-elderly-die-at-high-rate/.
13. このような介入がシンプルでほぼ瞬時の影響を与えることは、グループの動画にうまくとらえられている。ブルックリンの人気コーヒーショップの外の歩道にすわっている女性の横にパレットチェア数脚がふいに置かれた。最初は困惑した様子だったが、すぐに地面から立ち上がり椅子に移動した。コーヒーショップにメッセージは伝わった。数週間以内に、営業時間中に店先にベンチを出すだろう。
14. "Penrith's Pop-Up Park to Stay," *Penrith City Gazette*, May 22, 2014, http://www.penrithcitygazette.com.au/story/2296693/penriths-pop-up-park-to-stay/.
15. Cassandra O'Connor, "Council to Build Second Pop-Up Park," *The Western Weekender*, May 8, 2014, http://www.westernweekender.com.au/index.php/news/2232-council-to-build-second-pop-up-park.
16. Fast Company Staff, "Design Thinking … What Is That?," *Fast Company*, http://www.fastcompany.com/919258/design-thinking-what.
17. Nabeel Hamdi, *Small Change: About the Art of Practice and the Limits of Planning in Cities* (London: Routledge, 2013), xix.

第2章

1. Lewis Mumford, *The City in History: Its Origins, Its Transformations, and Its Prospects* (New York: Mariner Books, 1968), 5.
   ルイス・マンフォード『歴史の都市　明日の都市』生田勉訳、新潮社、1985 年
2. 「記録に残っている最初の本当の街路は、南キプロスの紀元前 6 千年紀の丘の上の集落ヒロキティアにあるかもしれない……公共の利益のために屋外空間をはっきりと定義し明確にすることによって、住民は、この空間の維持管理と公共財産としての保全という二重の責任を担った。定義上、公道は万人のものだ。長期にわたって大通りが着実に修理され改修されたことから、コミュニティに「市民の」義務がなかったわ

けではないことがわかる」

Spiro K. Kostoff, *The City Shaped: Urban Patterns and Meanings through History* (Thames & Hudson, Limited, 1999), 48–49. http://whc.unesco.org/en/list/848 も参照のこと。

スピロ・コストフ『都市の歴史』都市研究会訳、東洋書林編集部訳、東洋書林、2021 年

3. http://www.khirokitia.org/en/neolithic-len.
4. 「このような自然発生的な評議会は、民意を表すものであり、支配し新しい決定を下すというより、一般に受け入れられている規則や遠い昔に下された決定を直接適用した」Mumford, *City in History*, 19.

   ルイス・マンフォード『歴史の都市　明日の都市』
5. Albert Z. Guttenberg, "The Woonerf: A Social Invention in Urban Structure," *ITE Journal*, October 1981. http://www.ite.org/traffic/documents/JJA81A17.pdf.
6. Reid H. Ewing, "A Brief History of Traffic Calming," in *Traffic Calming: State of the Practice* (Washington, DC: ITE/FHWA, August 1999), http://www.ite.org/traffic/tcsop/chapter2.pdf.
7. Kostoff, *The City Shaped*, 43.

   スピロ・コストフ『都市の歴史』
8. Frank Miranda, "Castra et Coloniae: The Role of the Roman Army in the Romanization and Urbanization of Spain," *Quaestio: The UCLA Undergraduate History Journal* (2002). Phi Alpha Theta: History Honors Society, UCLA Theta Upsilon Chapter, UCLA Department of History.
9. 「入植者は、土地の状況を理解したり敷地の資源を探査したりする時間がほとんどなかったので、空間の秩序を単純化することによって、建設用地を素早くほぼ均等に分配した」Mumford, *City in History*, 193.

   ルイス・マンフォード『歴史の都市　明日の都市』
10. Murray N. Rothbard, "Pennsylvania's Anarchist Experiment: 1681–1690," in *Conceived in Liberty*, Vol. 1, by Murray N. Rothbard (Auburn, AL: Ludwig von Mises Institute: Advancing Austrian Economics, Liberty, and Peace, July 8, 2005), http://

mises.org/daily/1865.

11. Tuomi J. Forrest, "William Penn Plans the City," in *William Penn: Visionary Proprietor*, http://xroads.virginia.edu/~CAP/PENN/pnplan.html.
12. http://www.elfrethsalley.org.
13. 「カナダのアラディン住宅は工場で事前に裁断され、木材と建材が顧客の最寄り駅に出荷された。詳細な設計図と建設マニュアルも添付されていた。アラディンは、金づちが使える人なら誰でもアラディン住宅を建設できると豪語し、貨車 1 両分のアラディンの木材に節を見つけたら節 1 個につき 1 ドルを支払うことを提案した。今の時代にその保証があったら、製材所は顧客に借金することになるだろう」Les Henry, "Mail-Order Houses," in *Before E-Commerce: A History of Canadian Mail-Order Catalogues*, Canadian Museum of History, http://www.civilization.ca/cmc/exhibitions/cpm/catalog/cat2104e.shtml.
14. 「世界史上初めて、19 世紀後半の中流家庭は、手に入る土地に一戸建て住宅を買うことが夢ではなくなった……アメリカ合衆国における最低限の住宅の不動産価格は、旧世界よりも低かった」 Kenneth T. Jackson, *Crabgrass Frontier: The Suburbanization of the United States* (New York: Oxford University Press, 1985), 136.
15. 「路面電車の郊外住宅は、後の家に比べて幅が狭く、カリフォルニアバンガローやアメリカンフォースクエアなどのアート&クラフツ様式が最も人気があった。これらの住宅は一般的にカタログで購入され、建材の多くは鉄道で到着し、組み立ての際に地域の特色が加えられた。初期の路面電車の郊外には、後期ビクトリア様式やスティック様式など、より華やかなスタイルもあった。路面電車の郊外住宅は様式が何であれ、目立つ正面ポーチを備えたものが多かった一方で、私道やビルトインガレージはまれであり、最初の住宅建設時には街路は歩行者中心だったことを映し出していた。家と家の間隔は、以前の近隣エリア［存在しないこともあった］ほど狭くなかったが、まだ普通は幅 9-12 メートル（30-40 フィート）以下の区画に建てられた」Josef W. Konvitz, "Patterns in the Development of Urban Infrastructure," *American Urbanism: A Historiographical Overview* (Santa Barbara, CA: Greenwood Press, 1987), 204.
16. Alan Trachtenberg, *The Incorporation of America: Culture and Society in the Gilded Age* (New York: Macmillan, 2007), 231.

17. "World's Columbian Exposition," http://en.wikipedia.org/wiki/World's_Columbian_Exposition.
18.「老朽化した建物が市街地や街路にもたらす唯一の害は、最終的には古い以外の何ものでもない。つまり何でも古びてぼろぼろになるという害だ」Jane Jacobs, *The Death and Life of Great American Cities* (New York: Vintage, 1992, Reissue), 189. ジェイン・ジェイコブズ『アメリカ大都市の死と生』山形浩生訳、鹿島出版会、2010 年
19. Donald Appleyard, *Livable Streets* (Berkeley: University of California Press, 1982); Carmen Hass-Klau, *The Pedestrian and City Traffic* (New York: Wiley, 1990); "Play Streets," Center for Active Design, http://centerforactivedesign.org/playstreets/. "Reclaiming the Residential Street as Play Space," *International Play Journal* 4 (1996): 91–97, http://ecoplan.org/children/general/tranter.htm; "Pedestrians," *New York City DOT*, http://www.nyc.gov/html/dot/html/pedestrians/publicplaza-sites.shtml; "PAL Play Streets," Police Athletic League, http://www.palnyc.org/800-PAL-4KIDS/Program.aspx?id=30; "History," Police Athletic League, http://www.palnyc.org/800-pal-4kids/history.aspx; "Play Streets," *Missouri Revised Statutes: Chapter 300, Model Traffic Ordinance*, http://www.moga.mo.gov/statuteSearch/StatHtml/3000000348.htm; "About Play Streets," *Partnership for a Healthier America*, http://ahealthieramerica.org/play-streets/about-play-streets/; "Plan Safe Streets for Children's Play," *New York Times*, May 7, 1909, http://query.nytimes.com/mem/archive-free/pdf?res=9F01E7DF 1E31E733A25754C0A9639C946897D6CF; http://www.londonplay.org.uk/file/1333.pdf. 20. Claire Duffin, "Streets Are Alive with the Sound of Children Playing," *Telegraph*, February 22, 2014, http://www.telegraph.co.uk/health/children_shealth/10654330/Streets-are-alive-with-the-sound-of-children-playing.html.
21. 同上
22. ボニー・オラ・シャークのインタビュー、2013 年 8 月
23. Peter Cavagnaro, "Q & A: Bonnie Ora Sherk and the Performance of Being," University of California, Berkeley Art Museum & Pacific Film Archive, June 2012,

http://blook.bampfa.berkeley.edu/2012/06/q-a-bonnie-ora-sherk-and-the-performance-of-being.html.

24. "Early Public Landscape Art by Bonnie Ora Sherk Featured in SFMOMA Show—SF's Original "Parklet," *A Living Library*, December 2011, http://www.alivinglibrary.org/blog/art-landscape-architecture-systemic-design/early-art-bonnie-ora-sherk-featured-sfmoma-show.

25. "The Perambulating Library," Mealsgate.org.uk—The George Moore Connection, *The British Workman*, February 1, 1857, http://www.mealsgate.org.uk/perambulating-library.php.

26. From *On the Trail of the Book Wagon*, by Mary Titcomb, two papers read at the meeting of the American Library Association, June 1909.

27. Ward Andrews, "The Mobile Library: The Sketchbook Project Gets a Totable Home + Tour," Design.org, http://design.org/blog/mobile-library-sketchbook-project-gets-totable-home-tour.

28. Todd Feathers, "Mobile City Hall Truck to Rotate through Boston Neighborhoods," *The Boston Globe*, June 15, 2013, http://www.bostonglobe.com/metro/2013/06/25/mobile-city-hall-truck-rotate-through-boston-neighborhoods/Uyf66jFaC1q0pi03ff6H6M/story.html.

29. Liz Danzico, "Histories of the Traveling Libraries," *Bobulate: for Intentional Organization*, October 26, 2011, http://bobulate.com/post/11938328379/histories-of-the-traveling-libraries; Orty Ortwein, "Before the Automobile: The First Mobile Libraries," *Bookmobiles: A History*, May 3, 2013, http://bookmobiles.wordpress.com/2013/05/03/before-the-automobile-the-first-mobile-libraries/; "Mobile Libraries," American Library Association, http://www.ala.org/tools/mobile-libraries; Leo Hickman, "Is the Mobile Library Dead?" *The Guardian*, April 7, 2010, http://www.theguardian.com/books/2010/apr/07/mobile-libraries.

30. "Bouquinistes of Paris," *French Moments*, http://www.french moments.eu/bouquinistes-of-paris/.

31. Kristin Kusnic Michel, "Paris' Riverside Bouquinistes," *Rick Steves' Europe*, http://

www.ricksteves.com/watch-read-listen/read/articles/paris-riverside-bouquinistes.

32. Olivia Snaije, "Paris' Seine-Side Bookselling *Bouquinistes* Tout Trinkets, but City Hall Cries 'Non,'" *Publishing Perspectives*, October 19, 2010, http://publishingperspectives.com/2010/10/paris-seine-side-bookselling-bouquinistes/ Michel; "Paris' Riverside Bouquinistes," http://www.ricksteves.com/plan/destinations/france/bouquinistes.htm.
33. "Rhode Island (RI) Diners," VisitNewEngland.com, http://www.visitri.com/rhodeisland_diners.html.
34. わかっているかぎり最後の馬車のランチワゴンとして現在も営業中。
35. Kristine Hass, "Hoo Am I? A Look at the Owl Night Lunch Wagon," *The Henry Ford*, May 15, 2012, http://blog.thehenryford.org/2012/05/hoo-am-i-a-look-at-the-owl-night-lunch-wagon/.
36. Gustavo Arellano, "Tamales, L.A.'s Original Street Food," *Los Angeles Times*, September 8, 2011, http://articles.latimes.com/2011/sep/08/food/la-fo-tamales-20110908.
37. Jesus Sanchez, "King Taco Got Start in Old Ice Cream Van," *Los Angeles Times*, November 16, 1987, http://articles.latimes.com/1987-11-16/business/fi-14263_1_ice-cream-truck; Romy Oltuski, "The Food Truck: A Photographic Retrospective," *FlavorWire*, September 27, 2011, http://flavorwire.com/213637/the-food-truck-a-photographic-retrospective/view-all/; "Food Truck," Wikipedia, http://en.wikipedia.org/wiki/Food_truck; Anna Brones, "Food History: The History of Food Trucks," *Ecosalon*, June 20, 2013, http://ecosalon.com/food-history-of-food-trucks/; Richard Myrick, "The Complete History of American Food Trucks," *Mobile Cuisine*, July 2, 2012, http://mobile-cuisine.com/business/the-history-of-american-food-trucks/3/.
38. Stephanie Buck and Lindsey McCormack, "The Rise of the Social Food Truck [INFOGRAPHIC]," *Mashable*, August 4, 2011, http://mashable.com/2011/08/04/food-truck-history-infographic/.
39. *A 1977 Mexican food vendor busted by the police for violating new ordinances controlling the sale of street food*, 1977, http://flavorwire.files.wordpress.

com/2011/09/john-griffith-taco-cart-busted-dec-1977-can8600f-600x5001.jpg?w=598&h=463.

40. Don Babwin, "Chicago Food Trucks: City Council Overwhelmingly Approves Mayor's Ordinance," *Huffington Post*, July 25, 2012, http://www.huffingtonpost.com/2012/07/25/chicago-food-trucks-alder_0_n_1701249.html.
41. Bill Thompson, "The Chuck Wagon," American Chuck Wagon Association, http://americanchuckwagon.org/chuck-wagon-history.html.
42. 「それにもかかわらず、私たちは限りない幸福感を覚え、そこへ何度も戻りたいと思う。だから、習慣という本来の概念、繰り返される祝祭や畏敬という本来の概念は、その語句にまだ内在している。それは一時的な対応ではない。というのは、それは持続し、私たちを連れ戻し、以前の訪問をしのばせるからだ」John Brinckerhoff Jackson, *A Sense of Place, a Sense of Time* (New Haven, CT: Yale University Press, 1994).

第3章

1. "Urban Population Growth," *World Health Organization*, http://www.who.int/gho/urban_health/situation_trends/urban_population_growth_text/en/; Neal R. Peirce, Curtis W. Johnson, and Farley M. Peters, "Century of the City: No Time to Lose," The Rockefeller Foundation, http://www.rockefellerfoundation.org/blog/century-city-no-time-lose.
2. Derek Thompson and Jordan Weissman, "The Cheapest Generation," August 22, 2012, http://www.theatlantic.com/magazine/archive/2012/09/the-cheapest-generation/309060/.
3. Brandon Schoettle and Michael Sivak, "The Reasons for the Recent Decline in Young Driver Licensing in the U.S.," University of Michigan Transportation Research Institute, August 2013, http://deepblue.lib.umich.edu/bitstream/handle/2027.42/99124/102951.pdf.
4. Robert Steuteville, "Millennials, Even Those with Children, Are Multimodal and Urban," *Better Cities and Towns*, October 2, 2013, http://bettercities.net/article/millennials-even-those-children-are-multimodal-and-urban-20713.

5. Nate Berg, "America's Growing Urban Footprint," *City Lab*, March 28, 2012, http://www.theatlanticcities.com/neighborhoods/2012/03/americas-growing-urban-footprint/1615/.
6. Herbert Munschamp, "Architecture View: Can New Urbanism Find Room for the Old?" *The New York Times*, June 2, 1996, http://www.nytimes.com/1996/06/02/arts/architecture-view-can-new-urbanism-find-room-for-the-old.html?pagewanted=all&src=pm.
7. Jordan Weissman, "America's Lost Decade Turns 12: Even the Rich Are Worse Off Than Before," *The Atlantic*, September 17, 2013, http://www.theatlantic.com/business/archive/2013/09/americas-lost-decade-turns-12-even-the-rich-are-worse-off-than-before/279744/.
8. Tony Schwartz, "Relax! You'll Be More Productive," *The New York Times*, February 9, 2013, http://www.nytimes.com/2013/02/10/opinion/sunday/relax-youll-be-more-productive.html?pagewanted =all&_r=0.
9. Jed Kolko, "Home Prices Rising Faster in Cities Than in the Suburbs—Most of All in Gayborhoods," *Trulia Trends: Real Estate Data for the Rest of Us*, June 25, 2013, http://trends.truliablog.com/2013/06/home-prices-rising-faster-in-cities/.
10. Leigh Gallagher, *The End of the Suburbs: Where the American Dream Is Moving* (New York: Penguin, 2013), 188.
11. Conor Dougherty and Robbie Whelan, "Cities Outpace Suburbs in Growth," *The Wall Street Journal*, June 28, 2012, http://online.wsj.com/news/articles/SB10001424052702304830704577493032619987956.
12. "Suburban Poverty in the News," *Confronting Poverty in America*, http://confrontingsuburbanpoverty.org/blog/.
13. Emily Badger, "The Suburbanization of Poverty," *City Lab*, May 20, 2013, http://www.theatlanticcities.com/jobs-and-economy/2013/05/suburbanization-poverty/5633/.
14. Center for Neighborhood Technology, "Losing Ground: The Struggle of Moderate-Income Households to Afford the Rising Costs of Housing and Transportation," October 2012, http://www.nhc.org/media/files/LosingGround_10_2012.pdf.

15. Joshua Franzel, "The Great Recession, U.S. Local Governments, and e-Government Solutions," *PM Magazine* 92, no. 8 (2010), http://webapps.icma.org/pm/9208/public/pmplus1.cfm?author =Joshua%20Franzel&title=The%20Great%20Recession%2C%20 U.S.%20Local%20Governments%2C%20and%20e-Government%20Solutions.
16. "Government Spending in the US," http://www.usgovernment spending.com/local_spending_2010USrn.
17. Karen Thoreson and James H. Svara, "Award-Winning Local Government Innovations, 2008," *The Municipal Year Book 2009* (Washington, DC: ICMA).
18. Richard Stallman, "On Hacking," Richard Stallman's personal site, http://stallman.org/articles/on-hacking.html.
19. Brian Davis, "On Broadway, Tactical Urbanism," *faslanyc: Speculative Histories, Landscapes and Instruments, and Latin American Landscape Architecture*, June 6, 2010, http://faslanyc.blogspot.com/search/label/tactical%20urbanism.
20. Emily Jarvis, "How Radical Connectivity Is Changing the Way Government Operates," *Govloop*, May 10, 2013, http://www.govloop.com/profiles/blogshow-radical-connectivity-is-changing-the-way-gov-operates-plus-yo.
21.「通信会社ユーロRSCGワールドワイドが挙げた2012年の上位12のトレンドの1つは、ジェネレーションY、つまりミレニアル世代の従業員（約1982-1993年の間に生まれた人々）が従来の就業時間を覆していることだ」Dan Schwabel, "The Beginning of the End of the 9–5 Workday?" *Time*, December 21, 2011, http://business.time.com/2011/12/21/the-beginning-of-the-end-of-the-9-to-5-workday/#ixzz2lmQ6xJSM.
22. 著者のウィリアム・ストラウスとニール・ハウは、*Generations: The History of America's Future, 1584 to 2069* にミレニアル世代について書き、ミレニアル世代は1982-2004年の間に生まれた人々だとしている。ピュー・リサーチ・センターは、年代を1981-2000年としている。いずれにせよ、これらの数字は、4897万7000人の労働者が雇用統計上に記載されていることを示しているが、非従来型の勤務体系がデータにどのくらい適合しているかによって誤差があるかもしれない。いずれにしても、文民労働力人口で測る雇用は今後10年間伸び悩み、ミレニアル世代が雇用全体を占める割合は大き

くなるだろう。“Labor Force Statistics from the Current Population Survey,” Bureau of Labor Statistics, February 12, 2014, http://www.bls.gov/cps/cpsaat03.htm.

23. Richard Florida, *The Rise of the Creative Class: And How It's Transforming Work, Leisure, Community and Everyday Life* (New York: Basic Books, 2002), 166.

リチャード・フロリダ『新クリエイティブ資本論—新たな経済階級の台頭』井口典夫訳、ダイヤモンド社、2008 年

24. “Raymond on Open Source,” *New Learning: Transformational Designs for Pedagogy and Assessment*, http://newlearningonline.com/literacies/chapter-1/raymond-on-open-source.

25. 同上

26. Jeremy Rifkin, “The Rise of Anti-Capitalism,” *The New York Times*, March 15, 2014, http://www.nytimes.com/2014/03/16/opinion/sunday/the-rise-of-anti-capitalism.html?_r=0.

27. Joshua Franzel, “The Great Recession, U.S. Local Governments, and e-Government Solutions,” http://webapps.icma.org/pm/9208/public/pmplus1.cfm?author=Joshua%20Franzel&title=The%20 Great%20Recession%2C%20U.S.%20Local%20Governments %2C%20and%20e-Government%20Solutions.

28.「労働力はますます都市化傾向が続き、農業就業者は、400 万人未満、つまり全就業者の 3% 未満で、1996-2006 年の間にさらに 2 万 4000 人が減少すると予測されている」“4—Workplace,” US Department of Labor, http://www.dol.gov/oasam/programs/history/herman/reports/futurework/report/chapter4/main.htm.

29. “Millennials in Adulthood: Detached from Institutions, Networked with Friends,” *Pew Research: Social & Demographic Trends*, March 7, 2014, http://www.pewsocialtrends.org/2014/03/07/millennials-in-adulthood/.

30. http://www.citylab.com/tech/2013/12/rise-civic-tech/7765/.

31. Ioby, “Ioby Brings Neighborhood Projects to Life, Block by Block,” http://www.ioby.org/.

32. Volodymyr V. Lysenko and Kevin C. Desouza, “Role of InternetBased Information Flows and Technologies in Electoral Revolutions: The Case of Ukraine's Orange

Revolution," *First Monday* 15, no. 9-6 (2010), http://firstmonday.org/ojs/index.php/fm/article/view/2992/2599.

33. Pew Research Center, National Election Studies, Gallup, ABC/Washington Post, CBS/New York Times, and CNN polls. 1976 年から 2010 年までトレンドラインは 3 調査の移動平均を示している。http://www.people-press.org/2013/10/18/trust-in-government-interactive/.

34. Theda Skocpol and Morris P. Fiorina, eds., *Civic Engagement in American Democracy* (Washington, DC: Brookings Institution Press, 2004).

35. Second Regional Plan, Stanley B. Tankel, Boris Bushkarev, and William B. Shore, eds., *Urban Design Manhattan: Regional Plan Association* (New York: The Viking Press, 1969), http://library.rpa.org/pdf/RPA-Plan2-Urban-Design-Manhattan.pdf.

36. Marc Santora, "City Gives the Garden's Owners a Deadline on Penn Station," *The New York Times*, May 23, 2013, http://www. nytimes.com/2013/05/24/nyregion/madison-square-garden-told-to-fix-penn-station-or-move-out.html.

37. Ada Louise Huxtable, "Farewell to Penn Station," The New York Times, October 30, 1963（2010 年 7 月 13 日閲覧）。（社説は続けて、「私たちを判断するのはおそらく、建てたモニュメントではなく、取り壊したモニュメントだろう」と述べている。http://query.nytimes.com/gst/abstract.html?res=9407EFD8113DE63BBC4850DFB6678388679EDE）1965 年に歴史建造物保存委員会が設立され、ロバート・ワグナー市長が委員会を創設し権限を与える地域の法律に署名した。歴史建造物保存法の制定は、「市の歴史的に重要な建物が再利用できるにもかかわらず失われつつある」というニューヨーカーの懸念の高まりに応えるものだった。名建築ペンシルベニア駅の 1963 年の解体などのできごとによって、市の建築的、歴史的、文化的遺産を保護する必要性に対して一般の人々の意識が高まった。http://www.nyc.gov/html/lpc/html/about/about.shtml.

38. ロバート・モーゼスはかつてニューヨーク市とニューヨーク州で 12 の権力の座に就いた。伝記については以下を参照のこと。Robert Caro's *The Power Broker: Robert Moses and the Fall of New York* (New York: Vintage Books, 1975).

39. Paul Davidoff, "Advocacy and Pluralism in Planning," *Journal of the American*

Institute of Planners 31, no. 4 (1965): 331–338, https://www.planning.org/pas/memo/2007/mar/pdf/JAPA31No4.pdf.

40. Adam Bednar, "Hampden's DIY Crosswalks," *North Baltimore Patch*, September 10, 2013, http://northbaltimore.patch.com/articles/hampden-s-diy-crosswalks.

第4章

1. Peter Kageyama, *For the Love of Cities* (St. Petersburg, FL: Creative Cities Productions, 2011), 9.
2. 同上、7–8.
3. Jan C. Semenza, "The Intersection of Urban Planning, Art, and Public Health: The Sunnyside Piazza," *American Public Health Association* 93, no. 9 (2003): 1439–1441, http://www.ncbi.nlm.nih.gov/pmc/articles/PMC1447989/.
4. レイクマンのインタビュー、2014 年 1 月 21 日（聞き手：マイク・ライドン）
5. 同上
6. ジョンによるマーク・レイクマンのインタビュー *Many Mouths One Stomach*, https://manymouths.org/turning-space-into-place-portlands-city-repair-project/.
7. "Mark Lakeman," in *Social Environmental Architects: "Designing the Future" Art Exhibit*, https://socialenvironmentalarchitects.wordpress.com/mark-lakeman/（2013 年 12 月 30 日閲覧）。
8. 同上
9. レイクマンのインタビュー、2014 年 1 月 21 日（聞き手：マイク・ライドン）
10. http://www.planetizen.com/node/11994.
11. Stuart Cowan, Mark Lakeman, Jenny Leis, Daniel Lerch, and Jan C. Semenza, *The City Repair Project*, http://www.inthefield.info/city_repair.pdf（2013 年 12 月 31 日閲覧）。
12. 同上
13. http://daily.sightline.org/2011/11/28/coloring-inside-the-lanes/.
14. http://www.inthefield.info/city_repair.pdf（2013 年 12 月 31 日閲覧）。
15. ラーチのインタビュー、2013 年 12 月 19 日（聞き手：マイク・ライドン）
16. Alyse Nelson, "Coloring Inside the Lanes," *Sightline Daily: News & Views for a*

Sustainable Northwest, November 28, 2011, http://daily.sightline.org/2011/11/28/coloring-inside-the-lanes/（2014 年 1 月 1 日閲覧）。

17. Cornelius Swart, “Village Building Convergence Creates Murals, Relationships in North Portland,” *Oregon Live*, May 31, 2012, http://www.oregonlive.com/portland/index.ssf/2012/05/village _building_convergence_c.html.
18. Alyse Nelson and Tim Shuck, “City Repair Project Case Study,” http://courses.washington.edu/activism/cityrepair.htm（2013 年 12 月 31 日閲覧）。
19. “Activities and Results,” Depave, http://depave.org/about/results/（2013 年 1 月 1 日閲覧）。
20. Jan C. Semenza, “The Intersection of Urban Planning, Art, and Public Health: The Sunnyside Piazza,” *American Journal of Public Health* 93 (2003): 1439–1441, http://www.ncbi.nlm.nih.gov/pmc/articles/PMC1447989/（2014 年 1 月 1 日閲覧）。
21. Sandra A. Ham, Caroline A. Macera, and Corina Lindley, “Trends in Walking for Transportation in the United States, 1995 and 2001,” *Preventing Chronic Disease* 4, no. 2 (2005), http://www.ncbi.nlm.nih.gov/pmc/articles/PMC1435711/.
22. Jeff Speck, *Walkable City: How Downtown Can Save America, One Step at a Time* (New York: North Point Press, 2012), 4.
23. Patrick C. Doherty and Christopher B. Leinberger, “The Next Real Estate Boom,” *Brookings*, November 2010, http://www.brookings.edu/research/articles/2010/11/real-estate-leinberger.
24. トマスロのインタビュー、2014 年 2 月 12 日（聞き手：マイク・ライドン）。この章のトマスロの言葉の引用はすべてこのインタビューに基づいている。
25. 同上
26. Emily Badger, “Guerrilla Wayfinding in Raleigh,” *City Lab*, February 6, 2012, http://www.citylab.com/tech/2012/02/guerilla-wayfinding-raleigh/1139/.
27. Emily Badger, “Raleigh’s Guerrilla Wayfinding Signs Deemed Illegal,” *City Lab*, February 27, 2012, http://www.citylab.com/tech/ 2012/02/raleighs-guerrilla-wayfinding-signs-deemed-illegal/1341/.
28. Larchlion, “The Deep Ellum Better Block,” Walkable DFW: Restoring a City to

Walkability, November 1, 2010, http://www.carfreeinbigd.com/2010/11/deep-ellum-better-block.html.

29. ジェイソン・ロバーツのインタビュー、2013 年 8 月 7 日（聞き手：マイク・ライドン）

30. Jason Roberts, "The Better Block Project," Bike Friendly Oak Cliff blog, March 26, 2010, http://bikefriendlyoc.org/2010/03/26/ the-better-block-project/.

31. Robert Wilonsky, "Jason Roberts and the Better Block'ers Dare You to Build a Better Ross Avenue in Three Days," *Dallas Observer* blogs, May 4, 2011, http://blogs.dallasobserver.com/ unfairpark/2011/05/jason_roberts_and_the_better_b.php. 32. ジェイソン・ロバーツのインタビュー、2013 年 8 月 7 日（聞き手：マイク・ライドン）

33. 同上

34. "Living Plaza," http://www.dallascityhall.com/citydesign_studio/ LivingPlaza.html.

35. Lisa Gray, "Gray: Building a Better Block," *Houston Chronicle*, June 28, 2010, http://www.chron.com/entertainment/article/Gray-Building-a-better-block-1711370.php.

36. "TEDxOU: Jason Roberts: How to Build a Better Block," delivered January 2012, Norman, Oklahoma, uploaded February 21, 2012, https://www.youtube.com/watch?v=ntwqVDzdqAU.

37. Angie Schmitt, "Q&A with Jason Roberts, the Brains Behind 'Better Blocks,'" Streetsblog USA, May 31, 2013, http://usa.streets blog.org/2013/05/31/qa-with-jason-roberts-the-visionary-behind-the-better-block/.

38. "Better Block Drive Started," *Atlanta Daily World*, May 9, 1942; ProQuest Historical Newspapers: Atlanta Daily World (1931–2003).

39. "Operation Better Block Opens Day Care Center," *New York Amsterdam News*, December 12, 1970, http://ezproxy.lib.indiana.edu/login?url=http://search.proquest.com/docview/226650847? accountid=11620.

40. "Upland in 'Operation Better Block' Drive," *New Pittsburgh Courier* (1966–1981), City Edition, March 20, 1971, p. 6.

41. The Trust for Public Land, "The Economic Benefits and Fiscal Impact of Parks and Open Space in Nassau and Suffolk Counties, New York," 2010, http://cloud.tpl.org/pubs/ccpe--nassau-county-park-benefits.pdf.

42. "Parks for People: Miami," The Trust for Public Land, https:// www.tpl.org/our-work/parks-for-people/parks-people-miami.
43. "Transportation Cost and Benefit Analysis II: Parking Costs," Victoria Transport Policy Institute, http://www.vtpi.org/tca/ tca0504.pdf.
44. UCLA Toolkit, "Reclaiming the Right-of-Way: A Toolkit for Creating and Implementing Parklets," *UCLA Complete Streets Initiative*, September 2012, Luskin School of Public Affairs.
45. Pavement to Parks, "San Francisco Parklet Manual," San Francisco Planning Department, February 2013, http://sfpavementtoparks.sfplanning.org/docs/SF_P2P_Parklet_Manual_1.0_FULL.pdf.
46. "Parking Meter Party!" tlchamilton blog, July 9, 2001, http://tlc hamilton.wordpress.com/2001/07/09/parking-meter-party/.
47. "Portfolio: Park(ing)," Rebar, November 16, 2005, http://rebar group.org/parking/.
48. "About Park(ing) Day," Park(ing) Day, Rebar Group, http://park ingday.org/about-parking-day/.
49. Blaine Merker, 2013.
50. "Portfolio: Park(ing)," Rebar, http://rebargroup.org/parking/.
51. Lisa Taddeo, "Janette Sadik-Khan: Urban Reengineer," *Esquire*, http://www.esquire.com/features/brightest-2010/janette-sadik-khan-1210.
52. "New York City Streets Renaissance," Project for Public Spaces, http://www.pps.org/projects/new-york-city-streets-renaissance/.
53. 同上
54. Jennifer 8. Lee, "Sturdier Furniture Replaces Times Square Lawn Chairs," *The New York Times* blog, August 17, 2009, http://city room.blogs.nytimes.com/2009/08/17/sturdier-furniture-replaces-times-square-lawn-chairs/?_php=true&_type=blogs&_r=0.
55. 全パイロットプロジェクトの結果の出典は "Pedestrians: Broadway," New York City DOT, http://www.nyc.gov/html/dot/html/ pedestrians/broadway.shtml.
56. "Mayor Bloomberg, Transportation Commissioner Sadik-Khan and Design and

Construction Commissioner Burney Cut Ribbon on First Phase of Permanent Times Square Reconstruction," *Official Website of the City of New York*, December 23, 2013, http://www1.nyc.gov/office-of-the-mayor/news/432-13/mayor-bloomberg-transportation-commissioner-sadik-khan-design-construction-commissioner/#/0.

57. 同上
58. Roberto Brambilla and Gianna Longo, *For Pedestrians Only: Planning, Design, and Management of Traffic-Free Zones* (New York: Whitney Library of Design, 1977), 8. ロベルト・ブランビラ／ジャンニ・ロンゴ『歩行者空間の計画と運営』月尾嘉男訳、鹿島出版会、1979 年
59. Dorina Pojani, "American Downtown Pedestrian "Malls": Rise, Fall, and Rebirth," *Territorio* 173–190, http://www.academia.edu/2098773/American_downtown_pedestrian_malls_rise_fall _and_rebirth.
60. "Privately Owned Public Space," New York City Planning: Department of City Planning, City of New York, http://www.nyc.gov/html/dcp/html/pops/pops.shtml.
61. William Whyte, *The Social Life of Small Urban Spaces* (New York: Project for Public Spaces, Inc, 2001), http://www.nyc.gov/html/ dcp/html/pops/pops.shtml.
62. ウェイドの言葉の引用と情報はすべて 2014 年春のインタビューに基づいている。
63. New York City DOT, "Measuring the Street: New Metrics for 21st Century Streets," http://www.nyc.gov/html/dot/downloads/pdf/ 2012-10-measuring-the-street.pdf.
64. Stephen Miller, "Ped Plazas in Low-Income Neighborhoods Get $800,000 Boost from Chase," Streets Blog NYC, November 26, 2013, http://www.streetsblog.org/2013/11/26/800000-from-chase-to-help-maintain-up-to-20-plazas-over-two-years/.
65. Pavement to Parks, San Francisco Planning Department, http://pavementtoparks.sfplanning.org/.

第5章

1. "Design Thinking," Wikipedia, http://en.wikipedia.org/wiki/ Design_thinking.
2. Eric Ries, *The Lean Startup: How Constant Innovation Creates Radically Successful*

Businesses (New York: Crown Publishing Group, 2011).
エリック・リース『リーン・スタートアップ　ムダのない起業プロセスでイノベーションを生み出す』井口耕二訳、日経BP社、2012 年
3. Josh Zelman, "(Founder Stories) Eric Ries: On 'Vanity Metrics' and 'Success Theater,'" *Tech Crunch*, September 24, 2011, http://techcrunch.com/2011/09/24/founder-stories-eric-ries-vanity-metrics/.
4. Everett M. Rogers, *Diffusion of Innovations* (New York: Free Press of Glencoe, 1962).
エベレット・ロジャーズ『イノベーションの普及』三藤利雄訳、翔泳社、2007 年
5. Tony Burchyns, "Hero's Welcome for Vallejo's Crosswalk Painter," *Daily Democrat*, June 1, 2013, http://www.dailydemocrat.com/ ci_23369425/heros-welcome-vallejos-crosswalk-painter?source =most_viewed.
6. 同上
7. "The Outlook for Debt and Equity Crowdfunding in 2014," *Venture Beat*, January 14, 2014, http://venturebeat.com/2014/01/14/ the-outlook-for-debt-and-equity-crowdfunding-in-2014/.
8. Aaron Sankin, "Urban Prototyping Festival Redefines San Francisco's Public Space," *Huffington Post*, October 24, 2012, http://www.huffingtonpost.com/2012/10/24/urban-prototyping-festival _n_2007661.html.
9. "Living Innovation Zones: Same Streets, Different Ideas," The Mayor's Office of Civic Innovation and San Francisco Planning Department, http://liz.innovatesf.com/.
10. "Bye-Bye, Bloomberg: Pondering the Meaning of New York's Billionaire Mayor," *The Economist*, November 2, 2013, http://www.economist.com/news/united-states/21588855-pondering-meaning-new-yorks-billionaire-mayor-bye-bye-bloomberg.
11. "Pop Up Rockwell," Cleveland Urban Design Collaborative, Kent State University, http://www.cudc.kent.edu/pop_up_city/rockwell/.

著者について　**マイク・ライドン　Mike Lydon**

The Street Plans Collaborative主宰、ニューヨーク支社代表。ベイツ大学にて、アメリカ文化の学士号を取得後、ミシガン大学修士課程（都市計画）修了。2006-09年、Duany Plater-Zyberk and Companyに勤務後、現事務所を設立。住みよい都市への貢献者として、プランナー、ライター、スピーカーとして活躍。オープンストリート・プロジェクト、タクティカル・アーバニズムを提唱。アンソニー・ガルシアと共に2017 Seaside Prize受賞。共著＝『Smart Growth Manual』(McGraw-Hill, 2009)。

アンソニー・ガルシア　Anthony Garcia

The Street Plans Collaborative主宰、マイアミ支社代表。ニューヨーク大学にて、建築学と都市計画の学士を取得後、マイアミ大学修士課程（建築学）修了。Chael Cooper & Associatesで6年間プロジェクトディレクターとして勤務。2008-12年、「TransitMiami.com」の編集者。交通、歩行者、自転車のためのインフラストラクチャーに関係する建築家、ライター、スピーカーとして活躍。マイク・ライドンと共に2017 Seaside Prize受賞。

訳者について　**大野千鶴　おおの・ちづる**

翻訳者。デザインや建築を中心に幅広い分野の翻訳に従事。主な訳書に『ミスマッチ 見えないユーザーを排除しない「インクルーシブ」なデザインへ』『卓越したグラフィックデザイナーになる』（ビー・エヌ・エヌ新社）、『テレンス・コンラン インテリアの色使い』（エクスナレッジ）、『False Flat オランダデザインが優れている理由』（ファイドン）など多数。翻訳講座講師。

監修者について　**泉山塁威　いずみやま・るい**

1984 年、北海道札幌市生まれ。日本大学理工学部建築学科准教授、一般社団法人ソトノバ共同代表理事、一般社団法人エリアマネジメント・ラボ共同代表理事、PlacemakingX 日本リーダー。専門は都市計画、都市デザイン、都市経営、エリアマネジメント、パブリックスペース、タクティカル・アーバニズム、プレイスメイキング、ウォーカブルシティなどの研究・教育・実践・情報発信。
編著＝『タクティカル・アーバニズム：小さなアクションから都市を大きく変える』、『エリアマネジメント・ケースメソッド：官民連携による地域経営の教科書』（ともに学芸出版社、2021年）、『楽しい公共空間をつくるレシピ プロジェクトを成功に導く66の手法』（ユウブックス、2020年）など。ウェブサイト＝http://ruiizumiyama.jp/

ソトノバ

2015年創設。屋外・パブリックスペース系スタートアップ。ウェブメディアを中心に、ラボ、プロジェクト、アワード、コミュニティ、スタジオなどの多様なプラットフォームを展開。運営：一般社団法人ソトノバ。ウェブサイト＝https://sotonoba.place/
ソトノバ・コミュニティ会員募集中！ https://community.sotonoba.jp/

タクティカル・アーバニズム・ガイド

市民が考える都市デザインの戦術

2023年4月25日　初版

著者　マイク・ライドン、アンソニー・ガルシア

訳者　大野 千鶴

翻訳協力　株式会社トランネット（www.trannet.co.jp）

発行者　株式会社晶文社

東京都千代田区神田神保町1-11　〒101-0051

電話　03-3518-4940（代表）・4942（編集）

URL　https://www.shobunsha.co.jp

印刷・製本　中央精版印刷株式会社

ISBN978-4-7949-7357-3　Printed in Japan　〈検印廃止〉落丁・乱丁本はお取替えいたします。

1階革命——私設公民館「喫茶ランドリー」とまちづくり

田中元子

日本初の私設公民館「喫茶ランドリー」は、いまや地域活性化・再生、コミュニティデザインのアイコンのひとつとなった。その成功の秘密は、ハード／ソフト／コミュニケーションという3要素のデザイン手法にある！ カフェや各種公共／商業施設など人が集うパブリックスペースのプロデュース事例、まちのさまざまな場所にベンチを設置するJAPAN/TOKYO BENCH PROJECT、さらには今注目されるウォーカブルシティについてまで、グランドレベル（1階）を活性化するヒントとアイデアが満載。まさに革命的な、まちづくりの新バイブル。

シティ・カスタマイズ　自分仕様に「まち」を変えよう

饗庭伸　荒木源希　市川竜吾　小泉瑛一

日本の都市は、とても便利に、美しくつくられている。でも駅前のベンチやビジネス街の噴水、東屋…、少し手を加えれば、もっと利用できそうなものが身近にたくさんあるのではないだろうか。そんなポテンシャルを秘めたまちの「余地」を発見し、もっと楽しくするためのカスタマイズを紹介。まちづくりイベントやお祭り、町内会など、地域の人が集まるときにみんなでまちを変えてみませんか?

アートプロジェクト文化資本論——3331から東京ビエンナーレへ

中村政人

アートとは、ハコでもなくモノでもなく、マネーゲームでもない、コト（出来事）である。コトを起こすプロジェクトとしてのアートを追究してきたアーティスト・中村政人が考えるアートプロジェクトの原理とは、アート・産業・コミュニティのトライアングル。アーツ千代田 3331での活動、さらに2021年7月よりグランドオープンした東京ビエンナーレの取り組みを題材にして語る、アートと社会と文化資本の未来をめぐる原理論。

現場発！ ニッポン再興——ふるさとが「稼ぐまち」に変わる16の方法

出町譲

人財こそが、地域を救う。年商2億円の体験交流型直売所、欧米人観光客が殺到する里山、料理人同士の連携で地域の美食ブランドを確立させた温泉街……地方創生の成功例には、火種をもったリーダーの存在がある！ 民放テレビ局・報道局の社員として、ジャーナリストとして、多くの地方都市を取材してきた著者だから見えてきた地方再生のヒントとは。借金まみれなのに痛みを先送りしている日本を変える近道は「地方」にこそある。